沙地生境下不同苜蓿品种的抗寒性研究

◎ 朱爱民　等　著

中国农业科学技术出版社

图书在版编目(CIP)数据

沙地生境下不同苜蓿品种的抗寒性研究 / 朱爱民等著. --北京：中国农业科学技术出版社，2024.1
ISBN 978-7-5116-6616-1

Ⅰ.①沙… Ⅱ.①朱… Ⅲ.①紫花苜蓿-抗冻性-研究 Ⅳ.①S551

中国国家版本馆 CIP 数据核字(2024)第 004560 号

责任编辑 李冠桥
责任校对 王 彦
责任印制 姜义伟 王思文

出 版 者 中国农业科学技术出版社
北京市中关村南大街 12 号 邮编：100081
电 话 (010) 82106632 (编辑室) (010) 82106624 (发行部)
(010) 82109709 (读者服务部)
网 址 https://castp.caas.cn
经 销 者 各地新华书店
印 刷 者 北京捷迅佳彩印刷有限公司
开 本 170 mm×240 mm 1/16
印 张 4.75
字 数 64 千字
版 次 2024 年 1 月第 1 版 2024 年 1 月第 1 次印刷
定 价 30.00 元

《沙地生境下不同苜蓿品种的抗寒性研究》

著作名单

主　　著：朱爱民（内蒙古农业大学）

副 主 著：张玉霞（内蒙古民族大学）

武　倩（内蒙古农业大学）

韩国栋（内蒙古农业大学）

张庆昕（内蒙古民族大学）

参著人员：丛百明（通辽市农牧科学研究所）

田勇雷（内蒙古自治区农牧业科学院）

内容简介

本研究从形态、生理水平探究沙地苜蓿对低温变化的响应，明确沙地生境下不同苜蓿品种的抗寒性调控机制。同时采用电导法、根颈活力法分别协同 Logistic 回归方程计算苜蓿半数致死温度，确定其抗寒性强弱，为沙地苜蓿种质筛选及品种抗寒性鉴定提供理论依据，以便为后续选育高抗寒性品种提供理论基础。有以下研究结果。

低温锻炼期不同品种沙地苜蓿对低温的响应变化不同。肇东和公农 1 号苜蓿 9 月 15 日后株高呈降低趋势，逐渐进入休眠；肇东、东苜 1 号和草原 3 号苜蓿对低温较敏感；肇东和农菁 8 号苜蓿品种干草产量显著高于其他苜蓿品种（$P<0.05$），草原 3 号苜蓿干草产量最低；随季节性降温，苜蓿根颈秋眠芽数和颈粗显著增加（$P<0.05$），根重增加，根长增长，根冠比增大，苜蓿上部叶片和下部叶片中叶绿素含量均明显增加，根颈中可溶性糖含量则显著降低；苜蓿根颈中淀粉含量、游离脯氨酸含量、游离氨基酸含量和可溶性蛋白含量变化无统一规律；10 月 15 日测定 8 个苜蓿品种根颈中 SOD、POD 活性明显高于 10 月 1 日测定的 SOD、POD 活性，CAT 活性变化无统一规律；除农菁 8 号外，10 月 1 日测定其他苜蓿品种根颈中 C/N 均高于 10 月 15 日测定的 C/N；10 月 1 日测定 8 个苜蓿品种根颈中 MDA 含量均显著高于 10 月 15 日测定的根颈中 MDA 含量（$P<0.05$）。

低温处理试验表明，8 个苜蓿品种根颈相对电导率均随处理温度的下降而上升，根颈活力均随处理温度下降而减弱；电导法表明，8 个苜蓿品种抗寒性强弱排序为草原 3 号>东苜 1 号>农菁 1 号>公农 1 号>肇东>龙牧 801>草原 2 号>农菁 8 号；根颈活力法表明，8 个苜蓿品种抗寒性排序为东苜 1 号>草原 3 号>农菁 1 号>公农 1 号>龙牧 801>肇东>农菁 8 号>草原 2 号；单一电导法或根系活力法对 8 个苜蓿品种聚类分析结果不同，根系活力法较电导率法可信度高，而综合电导法、根颈活力法进行聚类分析更具有代表性、准确性更高；8 个苜蓿品种不同低温处理下植株存活率与两组半数致死温度表现一致。得到以下结论。

电导法或根颈法协同 Logistic 回归方程计算紫花苜蓿半数致死温度均可行；半数致死温度可作为评价紫花苜蓿抗寒性指标；8 个苜蓿品种可分为 3 类，东苜 1 号、草原 3 号和农菁 1 号为高抗寒品种，公农 1 号、肇东和龙牧 801 为一般抗寒品种，草原 2 号和农菁 8 号为低抗寒品种。

目　　录

图表目录

1　研究背景、进展及意义

1.1　研究背景

紫花苜蓿（*Medicago sativa* L.）作为一种多年生豆科优质牧草[1]，具有很强的适应性，在我国大部分地区均可栽培种植，因其品质好、抗逆性好、产量高等优点，在我国畜牧业产业中占据了重要地位[2-3]。随着国家粮改饲政策的调整，我国紫花苜蓿的种植将不断扩大。内蒙古自治区提出到2020年发展1 000万亩①节灌饲草地[4]的目标。

温度是限制植物地理分布的重要因素，适宜的温度是决定植物能否生存的必要条件。紫花苜蓿作为重要的冷季型牧草，广泛分布于中国北方及南北气候过渡区，越冬期的低温胁迫是影响其安全越冬的主要环境因素[5-7]。伴随着饲草地建设规模的迅猛发展，认识和研究紫花苜蓿越冬期抗寒机理，已经成为草原牧区研究热点之一。我国北方冬季气候十分寒冷，因此紫花苜蓿普遍存在着越冬率低的问题[8-9]。低温锻炼期和越冬期寒害是紫花苜蓿最大的威胁，限制了北方草原牧区苜蓿的大规模生产。当其受到寒害时，会严重影响苜蓿草地的高效持续利用，给生产和生态建设带来巨大损失。

低温胁迫造成的寒害又可以分为冷害与冻害。冷害是0 ℃以上的低温对植物造成的危害，是由于低温直接造成的损害，以植物细胞膜损害

---

① 1亩约为667m^2，全书同。

为主。细胞膜是植物与外界环境联系的界面，是细胞乃至植物赖以生存的基础。植物遭受冷害后出现各种代谢变化，当膜脂发生降解时，就可能出现组织受害甚至植株死亡。冻害是指0 ℃以下的低温会引起植物体内水分结冰，冰晶体会破坏细胞质膜和液泡膜，严重影响细胞正常代谢，造成植株损伤或死亡。研究表明，冻害造成的植物伤害和死亡，大部分是由于细胞间隙结冰所致[10-12]。

在低温锻炼期，苜蓿通过自身的变异和自然选择形成了适应一定低温胁迫的生长及生理抗性，称为苜蓿抗寒性。这种抗寒性在生长季最小，晚秋通过抗寒锻炼逐渐提高，冬季最高，春季气温回升后又逐渐消失。苜蓿抗寒性的强弱与诸多因素有关，在植物自身方面，抗寒性与苜蓿品种、遗传特性、根系类型和粗度、叶片及根系发育状况、叶片和根颈及根系中的渗透调节物质和抗氧化酶活性等密切相关，同时苜蓿抗寒性也与种植的田间管理、气候条件、雪盖、倒春寒、阴阳坡、光照和水分条件等外部环境因素相关[13-20]。

国产紫花苜蓿品种抗寒性评价没有严格的界定，也没有确定的抗寒等级划分和归类，这对于种植企业和个人来说如何选择抗寒性强的紫花苜蓿品种着实不易。被誉为“中国草都”的赤峰市阿鲁科尔沁旗地区冬季寒冷、降雪量少、风沙大等不利条件和受管理水平限制共同制约着紫花苜蓿的栽培和潜在产量的发挥；沙地苜蓿越冬问题一直是各学者讨论和研究的关键，其中选择种植抗寒性强的紫花苜蓿品种尤为重要，也是解决苜蓿安全越冬重要措施之一。国内外学者对于紫花苜蓿抗寒性有大量的研究，刘香萍等[21]通过对国内外6个紫花苜蓿品种控温处理，研究根系再生能力，确定肇东品种抗寒性较强；刘志英、Marquez-Ortiz、Rimi等[22-27]通过对紫花苜蓿品种秋眠性和根系性状的关系研究其抗寒性强弱，表明紫花苜蓿通过增加根颈直径和须根数来增加抗寒性；亦有诸多学者通过对紫花苜蓿越冬率、返青率及根颈、根系中渗透调节物质变化量及相关酶活性大小推测抗寒性强弱[28-32]，如

Cunningham、刘磊等研究表明紫花苜蓿根颈中可溶性糖含量与抗寒性有显著正相关关系[33-34]，但具体耐受低温极限是多少，仍然模糊。应用电导法协同 Logistic 回归方程估算植物组织的半数致死温度，比较抗寒性差异，在多种植物上得到应用，并取得良好效果[35-37]，尤其是在研究葡萄品种抗寒性差异上应用较广[38-41]，而应用在紫花苜蓿品种抗寒性研究上未有报道，且运用根颈活力法协同 Logistic 回归方程确定植物组织抗寒性差异，亦未有报道。

本试验在内蒙古科尔沁沙地通过对 8 个苜蓿品种低温锻炼期的生长及生理生化响应，探究沙地苜蓿适应低温的机制，同时本研究采用电导法、根颈活力法分别协同 Logistic 回归方程计算苜蓿半数致死温度，确定其耐寒阈值，并结合聚类分析对两种方法进行比较，从而分析 8 个苜蓿品种的抗寒性。本研究通过对 8 个苜蓿抗寒性的研究，确定其抗寒性强弱，为科尔沁地区筛选种植抗寒性强的苜蓿品种提供理论依据，同时为后续测定不同生长状态的苜蓿及其他不同苜蓿品种的半致死温度提供科学方法，亦为以后选育高抗寒性品种提供理论基础。

1.2 苜蓿对低温响应的研究进展

1.2.1 形态学因素与苜蓿适应低温的关系

低温锻炼期苜蓿首先感受到低温的是地上茎和叶，因此首先对低温做出反应的是苜蓿的茎和叶，其次是苜蓿的地下根系。目前，关于低温胁迫下苜蓿生长特性的研究很多，主要集中在苜蓿的茎、叶、茎叶比、根冠比、分枝数、株高、茎粗、秋眠芽数、根重、根长和叶片结构等方面。苜蓿低温锻炼期即秋末至初冬时期，在此期间日照短且温度逐渐降低，CofFindaffer、Nittler[42-43]研究表明，不同苜蓿品种在适应低温期间生长特性表现差异较大，抗寒性不同，耐寒能力强的苜蓿品种其茎分枝且匍匐生长。亦有学者[44]研究发现苜蓿株高与抗寒性密切相关。崔国文等[45]在研究苜蓿生长特性与苜蓿抗寒性关系时表明，苜蓿叶片宽长比与苜蓿的越冬存活率呈显著负相关，抗寒性高的苜蓿品种其叶片宽长比越大，越冬率也就越高，叶片宽长比越小则苜蓿抗寒性就越低，越冬率则越低。

研究苜蓿低温锻炼期植株生长特性变化，苜蓿的播期尤为重要，早播苜蓿草地杂草较多，且刈割时间很难控制，在北方地区晚播则苜蓿越冬困难。孙启忠等[46]研究发现，播期不同对苜蓿的生长均有显著影响，早播苜蓿生长显著好于晚播苜蓿，早播苜蓿单株枝条数显著多于晚播苜蓿，株高显著高于晚播苜蓿，且早播苜蓿越冬成活率显著高于晚播苜蓿。气孔导度是影响植物光合速率的一个重要指标，反映了气孔的开度。当苜蓿受到低温胁迫时，其叶片的气孔导度会发生明显变化。Janicke[47]研究表明，苜蓿叶片的气孔导度随温度的降低呈逐渐下降趋势，下降速率最快的温度范围是 5~10 ℃。

苜蓿根系分为 4 种类型，分别是分枝型、根蘖型、直根型和根颈型。研究表明[48]，苜蓿根系类型和根系的粗壮程度与苜蓿抗寒性具有一定关系，分枝型苜蓿因其植株可分生地下茎，较直根型苜蓿更具有抗寒性，因为当分枝型苜蓿主根死亡后其分枝根系可以不依附于母株而独立存活。根蘖型苜蓿来源于杂交育种群体，因其具有大量侧根，也称水平根，一定程度上抗寒性高于其亲本黄花苜蓿。Schwab 等[49]研究表明，根与根颈越粗的苜蓿其抗寒性显著高于根与根颈细的苜蓿。在低温胁迫下，苜蓿根颈大于 10mm 的受伤害程度显著较根颈在 1~5mm 的苜蓿轻。张宝田等[50]研究发现，切除冻害后的苜蓿根颈部分，防止其被感染腐烂影响未冻害部位正常生长，则有利于未冻害部位根颈萌发新芽。

1.2.2 苜蓿生理生化特性与抗寒性关系

（1）渗透调节特性。低温锻炼期为适应逐渐降低的温度变化，苜蓿根系细胞内会积累各种渗透调节物质，使植株具有渗透调节能力，从而抵御寒冷胁迫。植株组织细胞膜透性增大使细胞内大量物质渗出，此时苜蓿细胞内代谢加强，合成渗透调节物质降低细胞渗透势，从而减轻细胞伤害。间令成[51]研究表明，低温胁迫初期植物组织细胞内可溶性糖含量逐渐增加帮助其适应低温环境。Smith[52]研究表明，随温度降低，苜蓿组织细胞内可溶性糖含量随大分子物质的水解而增加，从而得出结论，苜蓿根和根颈内可溶性糖含量越多其抗寒能力越强。龚束芳[53]、张勇等[54]在研究苜蓿抗寒性试验中亦发现苜蓿根颈中可溶性糖含量与苜蓿抗寒性呈显著正相关。乔洁等[55]研究结果表明，可溶性糖含量可作为苜蓿抗寒性的鉴定指标。陶雅等[56]研究了可溶性糖含量从9月中旬到翌年5月中旬呈先升高再降低的趋势，11月中旬即低温锻炼期达到最大值，说明苜蓿体内可溶性糖含量提高是适应低温环境的一种反应，进而说明可溶性糖是一种低温保护物质。Delauney 等[57]研究表明植物体内游离脯氨酸含量是一种重要的渗透调节物质，植物组织细胞内游离脯氨酸含量对维持原生质与环境的渗透平衡具有重要作用。Khedr 等[58]、韩瑞宏等[59]在研究苜蓿抗寒性试验中表明，苜蓿植株体内游离脯氨酸含量与苜蓿抗寒性存在显著的正相关关系，即苜蓿根颈中游离脯氨酸含量越高其抗寒性越强。邓雪柯等[60]、乌日娜等[61]、罗新义等[62]研究表明，随低温时间的延长，苜蓿体内游离脯氨酸含量会逐渐增加。张荣华等[63]在研究不同苜蓿品种抗寒性中表明，在不同时期测定中，不同苜蓿品种之间根颈中的脯氨酸含量存在显著性差异。魏双霞等[64]研究表明，在低温胁迫下，苜蓿叶部和根部的脯氨酸含量随温度降低而上升。杜永吉等[65]研究表明，可溶性蛋白含量与苜蓿抗寒性呈显著正相关。南丽丽等[66]研究表明，苜蓿根颈中可溶性蛋白质、脯氨酸、可溶性糖均随着温度降低而增加、随着温度的升高而减少的趋势变化。与以上学者研究结果不同，崔国文[67]研究表明，不同紫花苜蓿品种可溶性糖、游离脯氨酸和可溶性蛋白质含量积累量与抗寒能力相关性不显著。

（2）抗氧化酶特性。国内外有关苜蓿抗寒性与根颈抗氧化酶活性方面的研究资料很多[68-73]，研究表明紫花苜蓿抗寒能力的大小与其根系中保护酶活性密切相关[74-75]，过氧化物酶（POD）、超氧化物歧化酶（SOD）、过氧化氢酶（CAT）是酶促防御系统的重要保护酶类，对于维护细胞膜系统的稳定性具有重要作用，对苜蓿抗寒力的提高有特殊意义[76-78]，其活性的变化可作为植物的耐寒指标[79-81]。通常抗寒性强的品种过氧化物酶活性高，对环境反应快，抗冻能力强[82]。研究表明，抗寒性较强的品种通过提高 POD 的活性来增加植物体的抗寒性，从而减轻低温胁迫对植物体的伤害[83]；受低温胁迫的紫花苜蓿，其两条 POD 同工酶区带的活性增加[82]；秋冬随温度的降低，苜蓿 POD 同工酶谱带和活性明显增加，有利于及时清除细胞内的有害物质，保护生物膜不受损害[84]。邓雪柯等[85]研究表明，苜蓿植株可以通过提高 SOD 酶活性以减少低温胁迫产生的自由基的伤害。寇建村等[86]分析了 29 个苜蓿品种的抗寒性强弱，结果表明各苜蓿品种体内 SOD 和 POD 酶活性差异较显著。魏臻武等[87]研究表明，苜蓿在低温胁迫下，随着低温胁迫时间的延长，苜蓿体内 SOD 酶活性呈现先上升后下降的变化趋势。与以上研究不同，马周文等[88]研究结果表明，苜蓿 SOD、CAT 活性低温处理下的变化差异不显著，表明 SOD、CAT 活性在低温胁迫时反应不敏感。陶雅等[56]研究表明，较高水平的酶活性可维持活性氧代谢的平衡，减轻低温对细胞膜的破坏，提高苜蓿对低温的适应能力。杨秀娟[89]于不同时期对抗寒性差异较大的 2 个苜蓿品种进行取样，然后测定根颈的 POD、SOD 和 CAT 酶活性，得到了与陶雅相似的结论。苜蓿在逆境中受到伤害，伴随发生膜脂过氧化作用，丙二醛（MDA）是这一作用的最终分解产物，因此越冬期苜蓿根部的 MDA 含量能够代表膜脂过氧化的程度，从而间接反映苜蓿抗寒能力的强弱。陶雅等[90]通过对 3 个紫花苜蓿品种根部 MDA 含量动态变化进行分析，结果表明温度下降初期各苜蓿品种根部积累大量的MDA，而后MDA含量降低，随着温度的升高，MDA含量又开始逐渐升高。申晓慧等[91]通过测定苜蓿根系在整个越冬期间的生理指标变化，结果表明苜蓿根系MDA含量随温度的变化呈升高—降低—升高的变化趋势。

（3）根系活力。根系是牧草重要的吸收器官和合成器官，根系的生长状况及其活力水平直接影响牧草的品质和产量。苜蓿作为宿根牧草，主要依赖根部的活力度过越冬期，所以，苜蓿根系活力在很大程度上不仅能衡量其生长状况，更能反映出植株抗寒性的强弱。研究表明，宿根花卉、野牛草、玉簪等植物在低温胁迫下[92-94]，根系活力均与植物抗寒性呈显著的相关关系。可见根系活力是衡量植物抗寒性的重要指标，并且实践中应结合更多的抗寒指标，综合评价和判断植物抗寒性。

（4）相对电导率。电导法测定植物耐寒性，是判断植物抗寒性最常用的方法。曹红星等[95]运用电导率并配合Logistic建立回归模型的方法测定植物抗寒性试验结果表明，相对电导率与胁迫温度呈负相关关系，并由此鉴定不同品种植物的抗寒性及致死温度。关于电导法在判断植物抗寒性上应用的报道很多，如小麦、玉米、花菜、黄瓜、苹果等及茶等其他植物及品种[96]。窦玉梅[97]研究表明苜蓿在低温胁迫下，不同抗寒性的苜蓿品种的细胞膜透性变化程度不同，抗寒性差的品种的细胞膜透性大，抗寒性强的细胞膜透性小。邓雪柯等[98]通过对苜蓿进行0~7 ℃冷处理后测定了离体叶片的质膜电导率，结果表明，苜蓿叶片的电导率同温度呈负相关。由继红等[99]发现正常愈伤组织的相对电导率和抗寒突变体有极显著差异，由于抗寒性越强的植物电导率越小，因此突变体是抗寒的。

（5）光合作用。植物进行光合作用的主要色素是叶绿素，所以植物叶片中叶绿素的多少可直接反应植物光合能力的强弱[100]。Lal等[101]研究表明，当植物受到胁迫后，植物光合色素含量下降，光合作用也随之下降。杨秀娟[102]研究表明，随季节温度的降低，苜蓿叶绿素含量降低，光合能力下降。Wise 等[103]研究表明，低温胁迫后，植物叶绿素的量都减少，吸收的光能不能被植物充分吸收利用，产生光抑制，进而光合作用受影响。陈世茹等[104]研究表明，低温能降低苜蓿的光合作用。

1.3 研究目的及意义

由于紫花苜蓿具有高产、优质、保持水土、改良土壤、抗旱性较强等优点，是推广前景广阔的牧草，随着我国畜牧业的蓬勃发展及农业结构调整的不断推进，紫花苜蓿人工草地面积逐年增加。然而在北方干旱地区，包括被誉为“中国草都”的科尔沁沙地由于冬春季特殊的异常气候且冬季缺少积雪覆盖，极端低温，使苜蓿容易遭受冻害。如果通过分析每年春冬季温度变化情况，即可判断当年苜蓿是否受冻害及冻害程度，则可给种植紫花苜蓿的个人、牧户及企业提供相应的技术指导，以及时应对可能由低温造成苜蓿冻害而带来的经济损失。

安全越冬是确保沙地苜蓿持续稳定生长的关键因素之一，沙地苜蓿抗寒机制研究至关重要。从形态、生理等水平对沙地苜蓿抗寒特性进行研究，探讨各相关指标与沙地苜蓿抗寒性之间的关系具有重要意义。同时本研究采用电导法、根颈活力法分别协同 Logistic 回归方程计算苜蓿半数致死温度，确定其耐寒阈值，并结合聚类分析对两种方法进行比较，从而分析 8 个苜蓿品种的抗寒性，确定其抗寒性强弱，为后续测定不同生长状态的苜蓿及其他不同苜蓿品种的半致死温度提供科学方法，亦为以后选育高抗寒性品种提供理论基础，同时为沙地苜蓿种质筛选及品种抗寒性鉴定提供理论依据。

2 材料与方法

2.1 试验区自然概况

试验地在内蒙古自治区赤峰市阿鲁科尔沁旗草源合作社公司（东经 116°21′~120°58′，北纬 41°17′~45°24′），温带半干旱大陆性气候。年平均气温 0~6 ℃，≥10 ℃积温 3 000~3 200 ℃，无霜期 140~150 d，年平均降水量 350~400 mm，蒸发量是降水量的 5 倍左右，年平均风速 3~4.4 m/s。试验田土壤为沙土，新开垦草地。

2.2 供试材料

供试材料见表 2.1。

表 2.1 紫花苜蓿品种及来源

材料名称/拉丁名	来源
扁蓿豆与紫花苜蓿杂交种（龙牧 801）/*Medicago ruthenica* (L.) ×*M. sativa* L. cv. Long Mu NO. 801	黑龙江省畜牧研究所
紫花苜蓿（肇东）/*M. sativa* L. cv. Zhao Dong	黑龙江省畜牧研究所
紫花苜蓿（东苜 1 号）/*M. sativa* L. cv. Dong Mu NO. 1	东北师范大学草地科学研究所
杂花苜蓿（草原 2 号）/*M. sativa* Martin. cv. Cao Yuan NO. 2	内蒙古农业大学
杂花苜蓿（草原 3 号）/*M. sativa* Martin. cv. Cao Yuan NO. 3	内蒙古农业大学

（续表）

材料名称/拉丁名	来源
紫花苜蓿（公农 1 号）/*M. sativa* L. cv. Gong Nong NO. 1	吉林省农业科学院草原所
紫花苜蓿（农菁 1 号）/*M. sativa* L. cv. Nong Jing NO. 1	黑龙江省农业科学院作物育种研究所
紫花苜蓿（农菁 8 号）/*M. sativa* L. cv. Nong Jing NO. 8	黑龙江省农业科学院作物育种研究所

2.3 试验方法

2.3.1 大田试验设计

大田小区布局及管理：采用随机区组设计，小区试验面积 20 m^2（5 m×4 m），8 个品种，3 次重复，共设 24 个小区，小区之间设 50 cm 过道。所有小区底肥均施 750 kg/hm^2 安琪有机肥、300 kg/hm^2 过磷酸钙、7 kg/hm^2 硫酸钾、60 kg/hm^2 尿素（机施），播量 22.5 kg/hm^2，2016 年 8 月 4 日播种，人工撒播，试验田正常管理。低温锻炼期（2016 年 9 月 15 日、10 月 1 日和 10 月 15 日）进行相关生长指标的测定，10 月 1 日和 10 月 15 日挖取长势一致的苜蓿根系，测定根颈中相关生理生化指标。

2.3.2 低温处理试验设计

实验室低温处理：11 月 20 日取样，每小区取长势一致的越冬器官若干，于实验室中 4 ℃冰箱保存，备用。将供试一年生紫花苜蓿越冬器官用蒸馏水冲洗干净，每个品种平均分成 7 份，每份 40 株，每份越冬器官并排整齐摆放在厚度为 3 mm，长×宽为 30 cm×20 cm 的纯棉上，包裹好，用30 mL蒸馏水均匀喷洒在棉布上，使棉布保持潮湿状态，最后用长×宽为30 cm×30 cm锡箔纸包好，待处理。其中1份作为对照，放入4 ℃恒温冰箱，其余6份放入低温冰箱（温度误差±1 ℃）进行分批低温处理，低温处理温度分别为-10 ℃、-15 ℃、-20 ℃、-25 ℃、-30 ℃和-35 ℃。低温程控箱设置：以4 ℃为起点，4 ℃/h的速率降温，到达设定温度后保持8h，后以4 ℃/h的速率升温，取出置于4 ℃下保持12 h，然后进行相关指标的测定，每个指标测定采用随机取样。

实验室盆栽试验：每个紫花苜蓿品种分别取20株低温处理完成的越冬器官，分成4组，每组5株于花盆中光照培养箱培养（每天光照12 h，黑暗12 h，光照强度2 000 lx，温度保持在25 ℃±1 ℃），统计存活率。

2.4 测定项目及方法

2.4.1 生长指标

苜蓿干草产量：选择样区内长势一致的区域，取2 m^2样方刈割测量，留茬高度5 cm，3次重复取其平均值，即为苜蓿干重。鲜草每次测产时，称取200 g鲜草装袋带回实验室，105 ℃杀青15 min后，在65 ℃下烘24 h，计算鲜干比（鲜草200 g/干草重量g×100%），并进一步折算为每公顷干草产量。

株高：选择样区内长势一致的区域，样区内随机测定10株，测量从地面至植株顶端的自然长度，10次重复取其平均值。

根颈粗度：使用游标卡尺直接测量，最大根颈处（产生分蘖和秋眠芽处），10次重复取其平均值。

秋眠芽：每小区取长势一致的苜蓿10株，分别数出每株苜蓿根颈处长出的秋眠芽数，记录并统计后计算平均单个苜蓿品种每株秋眠芽数。

分枝数：每小区取长势一致的苜蓿 10 株，分别数出每株苜蓿根颈处长出大于 15 cm 的枝条，记录并统计后计算平均单个苜蓿品种单株枝条数，即为苜蓿有效单株分枝数。

地上干物质量及根干重：每次刈割测定地上部株高时，同时挖取地下根系，连续 5 株，地上部分和地下部分分离，洗净后放在烘箱里于 65 ℃烘干后分别进行称量。

根长：每次刈割测定地上部株高时，同时挖取地下根系，连续 10 株，用直尺测定苜蓿根系长度，记录并计算平均单株根长。

根冠比（%）=（地上干物质量/地下干物质量）×100

存活率（%）=（萌芽植株数/总培养数）×100

2.4.2 渗透调节特性指标

游离脯氨酸测定使用茚三酮法[105-106]，可溶性蛋白测定使用考马斯亮蓝法测定[106]，可溶性糖测定使用蒽酮比色法测定[105-106]，淀粉测定使用蒽酮比色法测定[105-106]，游离氨基酸含量使用茚三酮染色法测定[107]。

相对电导率测定参照邹琦[106]的方法，略有修改。选取低温处理后的越冬器官，用蒸馏水冲洗干净后用滤纸吸出表面的水分，用刀片对根颈部进行切片，备用。取样品 0.1 g，同时加入 10 mL 去离子水于试管中，用封口膜封口，室温下放置 1 h（每个处理 3 次重复），摇匀，然后用 DDS-11A 型电导率仪测定溶液的电导率，此电导率用 S1 表示，然后于 100 ℃水浴中煮 20 min，冷却至室温摇匀后测定电导率，用 S2 表示，用下列公式计算相对电导率。相对电导率 L（%）= S1/S2×100。

根系活力测定用 TTC 染色法测定（张志安方法[108]），根系活力的测定：采用 TTC 氧化还原法，称取根颈 0.1 g，浸没在由 0.4% TTC 和磷酸缓冲液（pH=7.0）各 5 mL 的溶液内，在 37 ℃下暗保存 4 h，此后加入 1 mol/L 硫酸 2 mL 停止反应。将根放入研钵中，加乙酸乙酯 3~4 mL 充分研磨，将红色提取液移入刻度试管，用乙酸乙酯冲洗数次并定容至 10 mL，用分光光度计在波长 485 nm 下比色，以空白试验（将根先用硫酸处理）作参比测出吸光度，查标准曲线，即可求出 TTC 还原量。根系活力［mg/(g·h)］=四氮唑还原量（mg）/［根重（g）×时间（h）］。

将各处理温度下的相对电导率、根系活力分别用 SPSS 17.0 软件拟合 Logistic 方程[109-113]，求拐点温度，即为低温半致死温度（LT_{50}），并对两组半致死温度分别聚类分析和综合聚类分析。

2.4.3 抗氧化特性指标

丙二醛测定使用硫代巴比妥酸法[105-106]，超氧化物歧化酶（SOD）使用氮蓝四唑法[105-106]，过氧化氢酶（CAT）使用紫外吸收法[105-106]，过氧化物酶（POD）使用愈创木酚法[105-106]。

2.4.4 光合特性指标

叶片叶绿素含量测定：将叶片剪碎混匀，用 80%丙酮浸提法[106]测定，重复 3 次。

2.5 数据分析

试验数据用 Microsoft Excel 软件处理、作图和制作表格，SPSS 17.0 软件进行方差显著性分析及拟合 Logistic 回归方程、聚类分析。

3　结果与分析

3.1　沙地苜蓿对低温的地上生长响应

3.1.1　沙地苜蓿低温锻炼期株高变化

根据表3.1可知，不同时间低温锻炼期，测定8个苜蓿品种株高变化不同。9月15日测定肇东和公农1号苜蓿品种植株高度显著高于10月1日和10月15日测定株高（P<0.05），10月1日测定苜蓿株高与10月15日测定相比无差异显著性（P>0.05），说明肇东和公农1号苜蓿品种秋季休眠早；10月1日测定龙牧801、草原2号、农菁1号和农菁8号苜蓿株高较9月15日和10月15日测定高，说明此4种苜蓿品种秋季休眠较肇东和公农1号品种次之；10月15日测定东苜1号和草原3号苜蓿株高显著高于9月15日和10月1日测定株高（P<0.05），说明东苜1号和草原3号秋季休眠较晚，10月15日仍继续生长。

表3.1　沙地苜蓿低温锻炼期株高变化　　单位：cm

品种名称	测定时间		
	9月15日	10月1日	10月15日
龙牧801	36.3±3.24b/b	40.5±0.88a/a	39.3±1.11a/a
肇东	35.7±4.55b/a	33.8±1.04c/b	33.0±0.89b/b
东苜1号	29.2±3.31c/b	29.8±1.07c/b	31.9±1.34bc/a

（续表）

品种名称	测定时间		
	9月15日	10月1日	10月15日
草原2号	30.4±1.63c/b	35.2±0.70bc/a	34.3±1.09b/a
草原3号	24.5±6.17d/b	25.3±0.20d/b	27.1±1.21c/a
公农1号	38.8±3.17a/a	36.5±0.78b/b	34.5±1.78b/b
农菁1号	30.8±1.18c/ab	32.7±1.55c/a	29.4±0.46c/b
农菁8号	31.7±2.00c/b	33.4±0.50c/a	32.5±0.68b/ab

注：不同小写字母表示差异显著性水平 $P<0.05$；“/”左边表示同列相同时期测定不同苜蓿品种间差异显著性，右边表示同一品种不同时间测定差异显著性，下同。

低温锻炼期8个苜蓿品种间株高变化不同。9月15日测定公农1号品种株高显著高于其他苜蓿品种（$P<0.05$），达38.8 cm，苜蓿株高最低的是草原3号品种，为24.5 cm，显著低于其他苜蓿品种（$P<0.05$），东苜1号、草原2号、农菁1号和农菁8号苜蓿品种间株高无差异显著性（$P>0.05$）；10月1日测定龙牧801苜蓿品种株高为40.5 cm，显著高于其他品种（$P<0.05$），其次是公农1号和草原2号品种，株高分别为36.5 cm和35.2 cm，株高最低的苜蓿品种亦是草原3号，为25.3 cm，显著低于其他苜蓿品种（$P<0.05$）；10月15日测定龙牧801品种株高显著高于其他苜蓿品种（$P<0.05$），其次是公农1号、草原2号和肇东，株高较低的品种是农菁1号和草原3号品种。

3.1.2 沙地苜蓿低温锻炼期分枝数变化

根据表3.2可知，低温锻炼期沙地苜蓿单株分枝数呈先增加后减少的趋势。10月1日测定8个苜蓿品种单株分枝数均高于9月15日测定分枝数，但未达到差异显著水平（$P>0.05$）。除龙牧801和肇东苜蓿品种外，其他苜蓿品种9月15日和10月1日测定单株分枝数均显著高于

10 月 15 日测定单株分枝数（$P<0.05$），说明 10 月 1 日后苜蓿进入休眠，不产生分枝，且部分枝条凋零干枯减少。

表 3.2　沙地苜蓿低温锻炼期单株分枝数变化　　单位：个/株

品种名称	测定时间		
	9 月 15 日	10 月 1 日	10 月 15 日
龙牧 801	2.13±0.13b/a	2.25±0.45b/a	1.96±0.76a/a
肇东	1.21±0.52d/a	1.26±0.31d/a	1.13±0.54b/a
东苜 1 号	2.13±0.38b/a	2.26±0.08b/a	1.21±0.26b/b
草原 2 号	2.58±0.41a/a	2.75±0.22a/a	1.10±0.13b/b
草原 3 号	1.33±0.26d/a	1.43±0.33d/a	0.96±0.12b/b
公农 1 号	1.79±0.19c/a	1.92±0.07bc/a	0.93±0.07b/b
农菁 1 号	1.75±0.22c/a	1.83±0.14c/a	1.00±0.22b/b
农菁 8 号	1.62±0.38c/a	1.73±0.07c/a	1.13±0.25b/b

低温锻炼期 8 个苜蓿品种间单株枝条数变化不同。如表 3.2 所示，9 月 15 日测定草原 2 号苜蓿单株分枝数显著高于其他苜蓿品种（$P<0.05$），达到 2.58 个/株，其次是龙牧 801 和东苜 1 号品种，单株分枝数均为 2.13 个/株，单株枝条数较少的是肇东和草原 3 号苜蓿，分别是 1.21 个/株和 1.33 个/株。10 月 1 日测定苜蓿单株分枝数较多的是草原 2 号、龙牧 801 和东苜 1 号品种，分别是 2.75 个/株、2.25 个/株和 2.26 个/株，肇东和草原 3 号苜蓿单株分枝数较少，分别是 1.26 个/株和 1.43 个/株，显著低于其他苜蓿品种（$P<0.05$）；10 月 15 日测定龙牧 801 苜蓿品种单株分枝数显著多于其他苜蓿品种（$P<0.05$），达到 1.96 个/株，其他苜蓿品种间单株分枝数无差异显著性（$P<0.05$）。

3.1.3 沙地苜蓿低温锻炼期地上干物质量变化

如表 3.3 所示，低温锻炼期沙地苜蓿地上干物质量变化不同。龙牧 801、公农一号、农菁 1 号和农菁 8 号苜蓿地上干物质量随测定时间的推迟呈逐渐增加的趋势，其中龙牧 801 和农菁 8 号增加显著（$P<0.05$）。9 月 15 日测定草原 2 号苜蓿地上干物质量显著大于 10 月 1 日和 10 月 15 日测定干物质量（$P<0.05$）。10 月 1 日测定肇东、东苜 1 号和草原 3 号苜蓿地上干物质量显著高于 9 月 15 日和 10 月 15 日测定干物质量（$P<0.05$）。

表 3.3 沙地苜蓿低温锻炼期地上干物质量变化 单位：g

品种名称	测定时间		
	9 月 15 日	10 月 1 日	10 月 15 日
龙牧 801	4.76±1.46a/c	5.05±0.26a/b	5.46±0.68b/a
肇东	1.64±0.20d/c	3.09±0.13c/a	2.89±0.93d/b
东苜 1 号	2.24±0.51c/b	4.98±0.27a/a	2.19±0.43d/c
草原 2 号	3.54±0.38b/a	3.00±0.63c/b	2.70±0.18d/c
草原 3 号	1.57±0.47d/c	2.71±1.05c/a	2.26±0.89d/b
公农 1 号	4.19±1.12a/b	4.23±0.42b/b	4.55±0.85c/a
农菁 1 号	2.29±0.30c/b	2.57±0.34c/b	4.00±0.68c/a
农菁 8 号	3.53±0.99b/c	4.65±0.37ab/b	6.63±0.63a/a

低温锻炼期 8 个苜蓿品种间地上干物质量变化不同。9 月 15 日测定龙牧 801 苜蓿品种地上干物质量最大，达到 4.76 g，显著高于其他苜蓿品种（$P<0.05$），其次是公农 1 号苜蓿品种，地上干物质量为 4.19 g，地上干物质量较低的苜蓿品种是肇东、草原 3 号，显著低于其他苜蓿品种（$P<0.05$）；10 月 1 日测定地上干物质量较大的苜蓿品种是龙牧 801、东苜 1 号和农菁 8 号，分别为 5.05 g、4.98g 和 4.65g。肇

东、草原 2 号、草原 3 号和农菁 1 号苜蓿地上干物质量较少，分别是 3.09 g、3.00 g、2.71 g 和 2.57 g，显著低于其他苜蓿品种（$P<0.05$）；10 月 15 日测定农菁 8 号苜蓿地上干物质量最大，达到 6.63 g，显著高于其他苜蓿品种（$P<0.05$），其次是龙牧 801 品种，地上干物质量较少的是东苜 1 号、草原 3 号、草原 2 号和肇东苜蓿品种，分别是 2.19 g、2.26 g、2.70 g 和 2.89 g，且显著低于其他苜蓿品种（$P<0.05$）。

3.1.4　8 个沙地苜蓿品种干草产量比较

如图 3.1 所示，肇东和农菁 8 号苜蓿品种干草产量显著高于其他苜蓿品种（$P<0.05$），分别达到 2 681.33 kg/hm^2 和 2 645.01 kg/hm^2，干草产量最低的是草原 3 号苜蓿，为 2 248.08 kg/hm^2，显著低于龙牧 801、肇东、东苜 1 号、农菁 1 号和农菁 8 号，其中龙牧 801、东苜 1 号、草原 2 号、公农 1 号和农菁 1 号苜蓿品种间干草产量无差异显著性（$P>0.05$）。

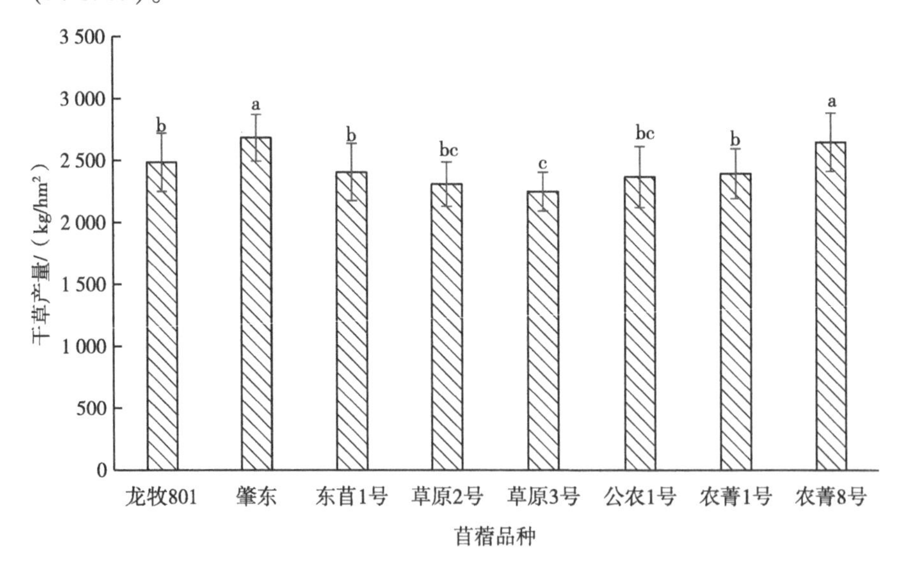

图 3.1　8 个沙地苜蓿品种干草产量比较

3.2 沙地苜蓿对低温的地下生长响应

3.2.1 沙地苜蓿低温锻炼期秋眠芽数变化

根据表3.4可知，低温锻炼期苜蓿秋眠芽数均呈增加趋势，且10月15日测定8个苜蓿品种秋眠芽数均显著高于10月1日测定的秋眠芽数（$P<0.05$），10月1日测定的秋眠芽数显著高于9月15日测定的秋眠芽数（$P<0.05$）。

表3.4 沙地苜蓿低温锻炼期单株秋眠芽数变化 单位：个/株

品种名称	测定时间		
	9月15日	10月1日	10月15日
龙牧801	1.67±0.40c/c	3.04±0.19c/b	4.83±0.81a/a
肇东	2.25±0.50b/c	3.25±0.25c/b	4.50±0.33b/a
东苜1号	2.13±0.25b/c	4.00±0.45a/b	4.23±0.30bc/a
草原2号	1.83±0.59c/c	3.96±0.29a/b	4.04±0.19c/a
草原3号	2.21±0.26b/c	4.08±0.40a/b	4.33±0.56b/a
公农1号	2.67±0.26a/c	3.58±0.38b/b	4.38±0.57b/a
农菁1号	2.50±0.33a/c	3.58±0.14b/b	4.91±0.51a/a
农菁8号	1.80±0.26c/c	3.70±0.29b/b	4.25±0.88bc/a

低温锻炼期8个苜蓿品种间秋眠芽数变化不同。9月15日测定公农1号和农菁1号苜蓿品种秋眠芽数显著高于其他苜蓿品种（$P<0.05$），分别是单株2.67个和2.50个，秋眠芽数较少的苜蓿品种是龙牧801、草原2号和农菁8号，分别是单株1.67个、1.83个和1.80个，显著低于其他苜蓿品种（$P<0.05$）；10月1日测定草原3号、草

原2号和东苜1号苜蓿秋眠芽数显著高于其他苜蓿品种（$P<0.05$），分别为单株4.08个、3.96个和4.00个，龙牧801和肇东苜蓿秋眠芽数显著低于其他苜蓿品种（$P<0.05$），分别是单株3.04个和3.25个；10月15日测定农牧801和农菁1号苜蓿秋眠芽数显著高于其他苜蓿品种（$P<0.05$），分别为单株4.83个和4.91个，单株秋眠芽数最少的是草原2号苜蓿，为4.04个。

3.2.2 沙地苜蓿低温锻炼期颈粗变化

根据表3.5可知，低温锻炼期不同时间测定沙地苜蓿根颈粗度变化趋于一致。10月15日测定8个苜蓿品种颈粗均大于10月1日测定颈粗，其中草原3号、公农1号、农菁1号和农菁8号颈粗达到差异显著水平（$P<0.05$），且10月15日测定颈粗均显著高于9月15日测定颈粗（$P<0.05$），除草原3号苜蓿品种外其他苜蓿10月1日测定颈粗均显著高于9月15日测定颈粗（$P<0.05$）。

表3.5 沙地苜蓿低温锻炼期颈粗变化 单位：mm

品种名称	测定时间		
	9月15日	10月1日	10月15日
龙牧801	3.44±0.07a/b	4.19±0.14a/a	4.27±0.17a/a
肇东	2.57±0.06c/b	3.22±0.15c/a	3.36±0.12c/a
东苜1号	2.71±0.06bc/b	3.21±0.09c/a	3.32±0.08c/a
草原2号	2.91±0.05b/b	3.15±0.06c/a	3.15±0.07c/a
草原3号	2.74±0.1bc/b	3.04±0.19c/b	3.49±0.24bc/a
公农1号	2.78±0.19bc/c	3.18±0.09c/b	3.53±0.13bc/a
农菁1号	2.96±0.09b/c	3.30±0.09c/b	3.75±0.21b/a
农菁8号	2.31±0.05c/c	3.64±0.12b/b	3.91±0.18ab/a

低温锻炼期8个苜蓿品种间根颈粗度变化不同。9月15日测定龙牧801苜蓿品种根颈粗度显著大于其他苜蓿（$P<0.05$），达到3.44 mm，其次是农菁1号、草原2号品种，根颈粗度较小的是农菁8号、肇东苜蓿品种，分别为2.31 mm和2.57 mm，显著低于龙牧801、草原2号和农菁1号品种（$P<0.05$）；10月1日测定亦是龙牧801品种根颈粗度最大，显著大于其他苜蓿品种（$P<0.05$），农菁8号品种根颈粗度次之，达到3.64 mm，显著大于肇东、东苜1号、草原2号、草原3号、公农1号和农菁1号苜蓿品种（$P<0.05$），其他苜蓿品种间根颈粗度无差异显著性（$P>0.05$）；10月15日测定根颈粗度较大的是龙牧801和农菁8号品种，分别达4.27 mm和3.91 mm，草原2号苜蓿根颈粗度最小，为3.15 mm，显著低于龙牧801、农菁1号和农菁8号品种（$P<0.05$）。

3.2.3 沙地苜蓿低温锻炼期根重变化

如表3.6所示，低温锻炼期沙地苜蓿根重呈增加的趋势。除草原2号苜蓿品种外，10月15日测定其他苜蓿品种根重均显著大于10月1日测定的根重（$P<0.05$），除肇东苜蓿品种外，10月1日测定其他苜蓿品种根重均显著大于9月15日测定的根重（$P<0.05$）。

表3.6 沙地苜蓿低温锻炼期根重变化 单位：g

品种名称	测定时间		
	9月15日	10月1日	10月15日
龙牧801	1.13±0.19a/c	1.76±0.19b/b	2.72±0.05b/a
肇东	0.80±1.18b/b	0.98±0.09c/b	2.00±0.89c/a
东苜1号	0.81±0.04b/c	2.46±0.34a/b	2.82±0.41b/a
草原2号	1.19±0.12a/b	1.97±0.02b/a	2.12±0.38c/a
草原3号	0.79±0.25b/c	1.85±0.55b/b	3.46±2.35a/a

（续表）

品种名称	测定时间		
	9月15日	10月1日	10月15日
公农1号	1.20±0.22a/c	1.70±0.29b/b	2.62±0.41b/a
农菁1号	0.77±0.07b/c	1.00±0.09c/b	2.64±0.66b/a
农菁8号	1.03±0.32a/c	1.74±0.32b/b	2.57±1.31b/a

低温锻炼期8个苜蓿品种间根重变化不同。9月15日测定公农1号、草原2号、龙牧801和农菁8号苜蓿品种根重显著高于其他苜蓿（$P<0.05$），分别为1.20 g、1.19 g、1.13 g和1.03 g，其中根重最低的是草原3号苜蓿品种，为0.79 g；10月1日测定东苜1号苜蓿品种根重最大，达到2.46 g，显著高于其他苜蓿（$P<0.05$），肇东和农菁1号苜蓿根重相对较低，分别是0.98 g和1.00 g，显著低于其他苜蓿品种（$P<0.05$）。10月15日测定草原3号苜蓿根重最大，为3.46 g，显著大于其他苜蓿品种（$P<0.05$），肇东和草原2号苜蓿品种根重相对较低，分别是2.00 g和2.12 g，显著低于其他苜蓿品种（$P<0.05$）。

3.2.4 沙地苜蓿低温锻炼期根长变化

如图3.2所示，低温锻炼期沙地苜蓿根长增加，且不同苜蓿品种在不同时间段根长增加幅度不同。9月15日至10月1日苜蓿根长增加达到差异显著水平的品种是龙牧801、肇东、草原2号、草原3号、公农1号和农菁8号（$P<0.05$），其中增加最大的是龙牧801苜蓿品种，增幅达9.79 cm。东苜1号和农菁1号苜蓿品种增加幅度较小，未达到差异显著水平。10月1—15日8个苜蓿品种根长均增加，肇东、东苜1号、草原2号和农菁1号增加差异达到显著水平的苜蓿品种，根长增加幅度最大的苜蓿品种是农菁1号，增加6.93 cm。

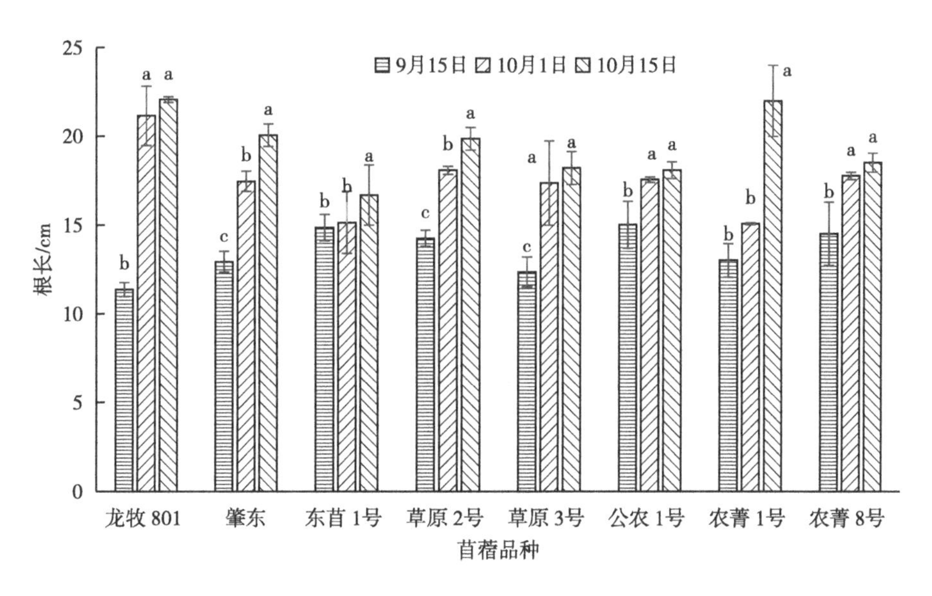

图 3.2 沙地苜蓿低温锻炼期根长变化

3.2.5 沙地苜蓿低温锻炼期根冠比变化

如图 3.3 所示，8 个苜蓿品种低温锻炼期根冠比变化趋于一致，均呈增加趋势，且不同品种间根冠比增加幅度不同。9 月 15 日测定除农菁 1 号外，其他苜蓿品种根冠比均显著低于 10 月 1 日测定的根冠比（$P<0.05$），其中根冠比较高的是草原 3 号苜蓿，根冠比为 0.50。10 月 1 日测定根冠比最高的是农菁 8 号品种，达到 0.66，除公农 1 号和农菁 8 号外，其他苜蓿品种根冠比均显著低于 10 月 15 日测定的根冠比（$P<0.05$）。10 月 15 日测定根冠比最高的是草原 3 号苜蓿品种，为 1.32，其次是草原 2 号和东苜 1 号品种，根冠比分别为 1.13 和 0.88，根冠比相对较低的是龙牧 801 品种和公农 1 号品种。说明低温锻炼期沙地苜蓿地上生物量部分向地下转移，地下生物量明显增加，根冠比增大。

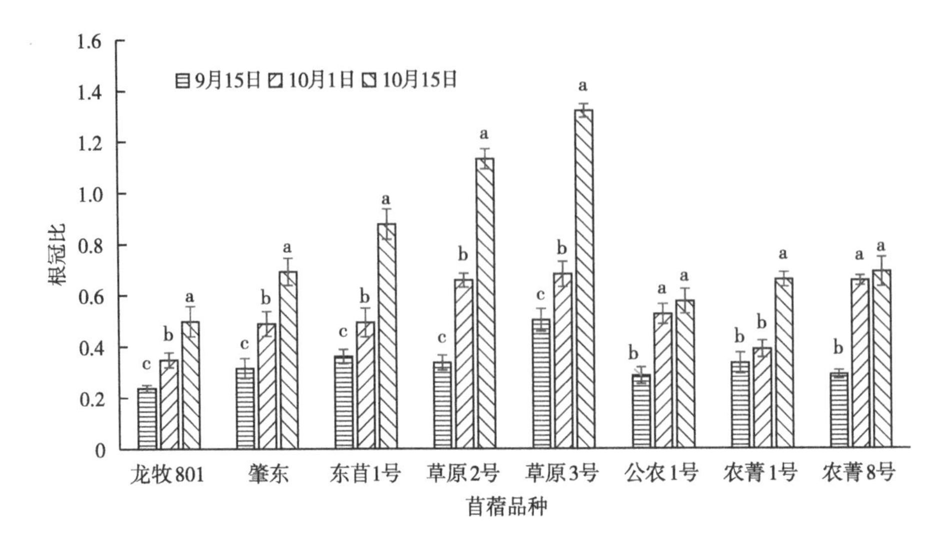

图 3.3 沙地苜蓿低温锻炼期根冠比变化

3.3 沙地苜蓿低温锻炼期叶片光合特性变化

3.3.1 沙地苜蓿低温锻炼期上部叶片中叶绿素及类胡萝卜素含量变化

如表 3.7 所示，10 月 1 日测定 8 个沙地苜蓿品种上部叶片中叶绿素 a 和叶绿素 b 含量均低于 10 月 15 日测定的苜蓿上部叶片中叶绿素 a 和叶绿素 b 含量，其中农菁 1 号苜蓿上部叶片中叶绿素 a 和叶绿素 b 含量增加幅度最大，分别增加 0.65 mg/g 和 0.29 mg/g。10 月 1 日和 10 月 15 日测定苜蓿上部叶片中类胡萝卜素含量变化不明显，其中龙牧 801、肇东、草原 2 号、公农 1 号和农菁 8 号苜蓿上部叶片中类胡萝卜素含量增加，其他 3 个品种苜蓿叶片中类胡萝卜素含量减少。

表 3.7 沙地苜蓿低温锻炼期上部叶片中叶绿素和类胡萝卜素含量变化

单位：mg/g

测定时期	品种名称	上部叶			
		叶绿素 a	叶绿素 b	叶绿素	类胡萝卜素
10月1日	龙牧 801	0.50±0.03b	0.26±0.03ab	0.76±0.06bc	0.23±0.01ab
	肇东	0.52±0.06b	0.19±0.02b	0.71±0.08bc	0.19±0.02b
	东苜 1 号	0.57±0.06b	0.25±0.04ab	0.82±0.10b	0.25±0.04ab
	草原 2 号	0.50±0.07b	0.23±0.03ab	0.73±0.10bc	0.22±0.03ab
	草原 3 号	0.55±0.05b	0.23±0.01ab	0.78±0.06bc	0.28±0.03a
	公农 1 号	0.57±0.04b	0.27±0.04ab	0.84±0.08b	0.25±0.03ab
	农菁 1 号	0.41±0.04c	0.21±0.02ab	0.62±0.06c	0.18±0.02b
	农菁 8 号	0.75±0.07a	0.33±0.05a	1.08±0.12a	0.31±0.04a
10月15日	龙牧 801	0.96±0.07ab	0.40±0.03b	1.36±0.10b	0.25±0.02a
	肇东	0.93±0.07ab	0.40±0.04b	1.33±0.11bc	0.26±0.02a
	东苜 1 号	0.69±0.08c	0.31±0.02c	1.00±0.10d	0.21±0.03a
	草原 2 号	0.88±0.91b	0.37±0.05bc	1.25±0.96c	0.25±0.02a
	草原 3 号	0.99±0.09a	0.45±0.03ab	1.44±0.12b	0.24±0.02a
	公农 1 号	1.03±0.12a	0.49±0.06a	1.52±0.18ab	0.23±0.03a
	农菁 1 号	1.06±0.06a	0.50±0.06a	1.56±0.12a	0.26±0.04a
	农菁 8 号	1.08±0.11a	0.53±0.07a	1.61±0.18a	0.26±0.03a

10月1日测定表明，农菁 8 号苜蓿上部叶片中叶绿素 a 含量最高，达到 0.75 mg/g，显著高于其他苜蓿品种（$P<0.05$），农菁 1 号苜蓿上部叶片中叶绿素 a 含量显著低于其他苜蓿品种（$P<0.05$），其他苜蓿叶片中叶绿素 a 含量变化未达到差异显著性水平（$P>0.05$）；苜蓿上部叶

片中叶绿素 b 含量最高的亦是农菁 8 号品种，达 0.33 mg/g，显著高于肇东苜蓿上部叶片中叶绿素 b 含量（$P<0.05$），但与其他苜蓿上部叶片中叶绿素 b 含量相比未达到差异显著性（$P<0.05$）；苜蓿上部叶片中叶绿素含量最高的是农菁 8 号苜蓿，达到 1.08 mg/g，其次是公农 1 号和东苜 1 号苜蓿，含量最低的是农菁 1 号苜蓿。农菁 8 号和草原 3 号苜蓿上部叶片中类胡萝卜素含量较高，分别为 0.31 mg/g 和 0.28 mg/g，显著高于肇东和农菁 1 号苜蓿（$P<0.05$）。

10 月 15 日测定表明，苜蓿上部叶片中叶绿素 a 含量较高的品种是农菁 8 号、农菁 1 号、公农 1 号和草原 3 号，分别为 1.08 mg/g、1.06 mg/g、1.03 mg/g 和 0.99 mg/g，显著高于东苜 1 号和草原 2 号苜蓿（$P<0.05$）。苜蓿上部叶片中叶绿素 b 含量较高的品种是农菁 8 号、农菁 1 号和公农 1 号，分别为 0.53 mg/g、0.50 mg/g 和 0.49 mg/g，显著高于龙牧 801、肇东和东苜 1 号（$P<0.05$），其中东苜 1 号苜蓿上部叶片中叶绿素 b 含量最低，为 0.31 mg/g；草原 2 号苜蓿上部叶片中叶绿素含量最低，其次是肇东苜蓿。苜蓿上部叶片中类胡萝卜素含量最低的是东苜 1 号品种，为 0.21 mg/g，但与其他苜蓿相比无显著性差异（$P>0.05$）。

3.3.2 沙地苜蓿低温锻炼期下部叶片中叶绿素及类胡萝卜素含量变化

如表 3.8 所示，10 月 15 日测定沙地苜蓿下部叶片中叶绿素 a 含量和叶绿素 b 含量均高于 10 月 1 日测定的叶绿素 a 和叶绿素 b 含量，其中龙牧 801 苜蓿下部叶片中叶绿素 a 和叶绿素 b 含量增加较高，分别增加 0.48 mg/g 和 0.29 mg/g。10 月 1 日测定沙地苜蓿下部叶片中类胡萝卜素含量较 10 月 15 日测定高。

表 3.8 沙地苜蓿低温锻炼期下部叶片中叶绿素及类胡萝卜素含量变化

单位：mg/g

测定时期	品种名称	下部叶			
		叶绿素 a	叶绿素 b	叶绿素	类胡萝卜素
10 月 1 日	龙牧 801	0.54±0.06b	0.26±0.03a	0.80±0.09b	0.25±0.03ab
	肇东	0.47±0.01bc	0.26±0.01a	0.73±0.02bc	0.18±0.03b
	东苜 1 号	0.60±0.04b	0.25±0.04a	0.85±0.08b	0.26±0.04ab
	草原 2 号	0.51±0.07bc	0.22±0.03ab	0.71±1.00bc	0.23±0.03ab
	草原 3 号	0.53±0.06b	0.18±0.02b	0.71±0.08bc	0.21±0.02b
	公农 1 号	0.51±0.07bc	0.19±0.02b	0.70±0.09bc	0.19±0.02b
	农菁 1 号	0.40±0.05c	0.20±0.03ab	0.60±0.08c	0.20±0.03b
	农菁 8 号	0.73±0.08a	0.27±0.02a	1.00±0.11a	0.30±0.01a
10 月 15 日	龙牧 801	1.02±0.11a	0.55±0.02a	1.57±0.13a	0.24±0.03a
	肇东	0.74±0.05bc	0.36±0.02c	1.10±0.07c	0.15±0.01bc
	东苜 1 号	0.65±0.06c	0.28±0.04c	0.93±0.10c	0.12±0.02c
	草原 2 号	0.50±0.04c	0.26±0.01c	0.76±0.05d	0.11±0.01c
	草原 3 号	0.53±0.06c	0.26±0.03c	0.79±0.09d	0.15±0.02b
	公农 1 号	0.83±0.09b	0.34±0.04c	1.17±0.13c	0.17±0.01b
	农菁 1 号	0.66±0.06c	0.34±0.01c	1.00±0.07c	0.13±0.01c
	农菁 8 号	0.87±0.09b	0.45±0.06b	1.32±0.15b	0.18±0.02b

10 月 1 日测定农菁 8 号苜蓿下部叶片中叶绿素 a 含量最高，达到 0.73mg/g，显著高于其他苜蓿下部叶片中叶绿素 a 含量（$P<0.05$），农菁 1 号苜蓿下部叶片中叶绿素 a 含量最低，为 0.40 mg/g，显著低于龙牧 801、东苜 1 号、草原 3 号和农菁 8 号（$P<0.05$）。龙牧 801、肇东、东苜 1 号和农菁 8 号苜蓿下部叶片中叶绿素 b 含量较高，显著高于草原 3 号和公农 1 号苜蓿品种（$P<0.05$）。10 月 1 日测定苜蓿下部叶片中叶绿素含量最低的是农菁 1 号苜蓿，含量为 0.60 mg/g，显

著低于龙牧 801、东苜 1 号和农菁 8 号（$P<0.05$）。类胡萝卜素含量较低的苜蓿品种是肇东、草原 3 号、公农 1 号和农菁 8 号，分别为 0.18 mg/g、0.21 mg/g、0.19 mg/g 和 0.30 mg/g，显著低于农菁 8 号品种（$P<0.05$）。

10 月 15 日测定龙牧 801 苜蓿下部叶片中叶绿素 a 含量最高，达到 1.02 mg/g，显著高于其他苜蓿，其次是农菁 8 号和公农 1 号苜蓿，下部叶片中叶绿素 a 含量分别是 0.87 mg/g 和 0.83 mg/g，显著高于草原 2 号、草原 3 号和农菁 1 号苜蓿（$P<0.05$）。苜蓿下部叶片中叶绿素 b 含量较高的是龙牧 801 和农菁 8 号苜蓿，显著高于其他苜蓿品种（$P<0.05$）。10 月 15 日测定苜蓿下部叶片中叶绿素含量较低的品种是草原 2 号和草原 3 号，含量分别为 0.76 mg/g 和 0.79 mg/g，显著低于其他苜蓿品种（$P<0.05$）。苜蓿下部叶片中类胡萝卜素含量最高的是龙牧 801 品种，为 0.24 mg/g，显著高于其他苜蓿品种（$P<0.05$），东苜 1 号、草原 2 号和农菁 1 号苜蓿下部叶片中类胡萝卜素含量较低，分别为 0.12 mg/g、0.11 mg/g 和 0.13 mg/g，显著低于龙牧 801、草原 3 号、公农 1 号和农菁 8 号品种（$P<0.05$）。

3.4 沙地苜蓿低温锻炼期根颈渗透调节物质变化

3.4.1 沙地苜蓿低温锻炼期根颈中可溶性糖含量的变化

如图 3.4 所示，10 月 1 日测定 8 个苜蓿品种根颈中可溶性糖含量均显著高于 10 月 15 日测定苜蓿根颈中可溶性糖含量（$P<0.05$），说明此时间段苜蓿根颈中可溶性糖含量降低，其中东苜 1 号和公农 1 号苜蓿根颈中可溶性糖含量降低量较大，分别降低 91.99 mg/g 和 82.88 mg/g。肇东和农菁 1 号苜蓿根颈中可溶性糖含量降低较少，分别降低 37.06 mg/g 和 37.51 mg/g。

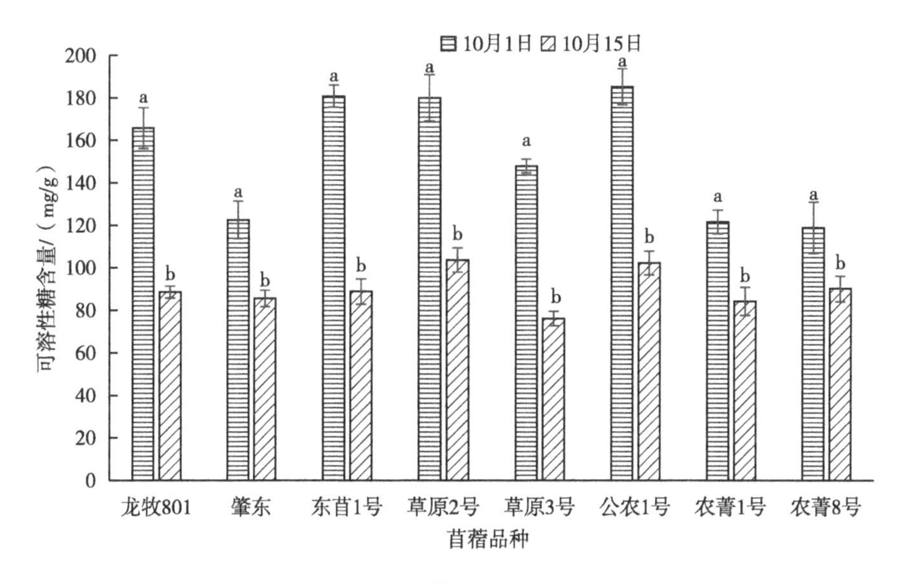

图 3.4 低温锻炼期沙地苜蓿根颈中可溶性糖含量变化

低温锻炼期 8 个苜蓿品种间根颈中可溶性糖含量不同。10 月 1 日测定公农 1 号、东苜 1 号和草原 2 号根颈中可溶性糖含量较高，分别为 185.24 mg/g、180.75 mg/g 和 180.00 mg/g，肇东、农菁 1 号和农菁 8 号苜蓿品种根颈中可溶性糖含量较低，分别为 37.06 mg/g、37.51 mg/g 和 28.75 mg/g。10 月 15 日测定草原 2 号和公农 1 号苜蓿根颈中可溶性糖含量较高，分别为 103.73 mg/g 和 102.36 mg/g。

3.4.2 沙地苜蓿低温锻炼期根颈中淀粉含量的变化

根据图 3.5 可知，除肇东、东苜 1 号和农菁 8 号外，其他苜蓿品种 10 月 1 日测定根颈中淀粉含量均显著高于 10 月 15 日测定的淀粉含量（$P<0.05$），其中增加幅度较大的品种是龙牧 801 和草原 2 号，分别增加 24.14 mg/g 和 19.59 mg/g。10 月 1 日测定仅肇东苜蓿根颈中淀粉含量较 10 月 15 日测定的淀粉含量少，但差异未达到显著水平（$P>0.05$）。

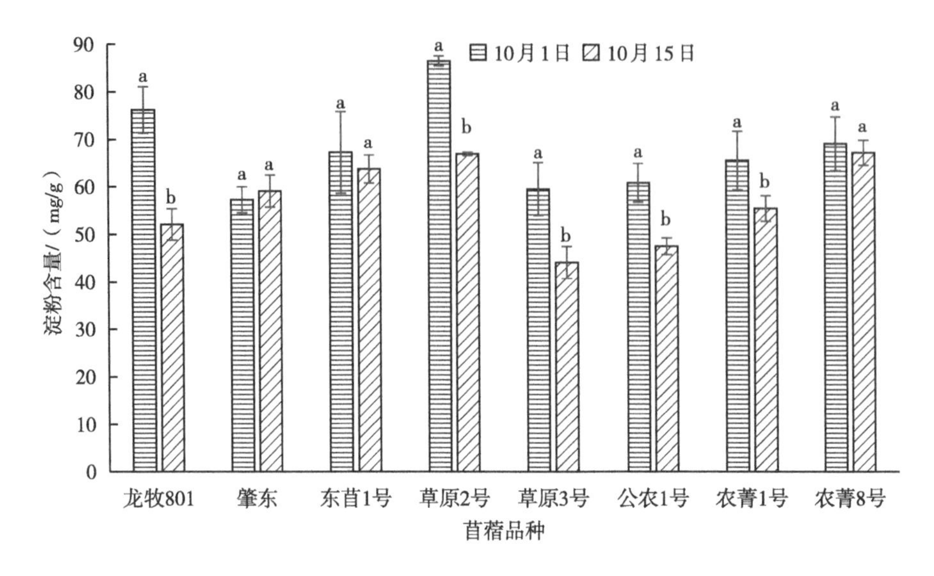

图 3.5　沙地苜蓿低温锻炼期根颈中淀粉含量变化

8 个苜蓿品种间根颈中淀粉含量不同。10 月 1 日测定苜蓿根颈中淀粉含量较高的是草原 2 号和龙牧 801 品种，分别为 86.49 mg/g 和 76.22 mg/g，肇东苜蓿根颈中淀粉含量最低，为 57.24 mg/g。10 月 15 日测定农菁 8 号、肇东和农菁 1 号苜蓿根颈中淀粉含量较高，分别为 67.14 mg/g、59.07 mg/g 和 55.42 mg/g，根颈中含量最低的是草原 3 号苜蓿，为 44.07 mg/g，其次是公农 1 号苜蓿，含量为 47.50 mg/g。

3.4.3　沙地苜蓿低温锻炼期根颈中游离氨基酸含量的变化

根据图 3.6 可知，沙地苜蓿低温锻炼期根颈中游离氨基酸含量变化趋势不同。10 月 1 日测定龙牧 801、肇东、草原 3 号、公农 1 号和农菁 8 号苜蓿品种根颈中游离氨基酸含量高于 10 月 15 日测定的根颈中游离氨基酸含量，但仅公农 1 号达到差异显著水平（$P<0.05$）。10 月 1 日测定草原 2 号和农菁 1 号苜蓿根颈中游离氨基酸含量显著低于 10 月 15 日测定的根颈中游离氨基酸含量（$P<0.05$）。

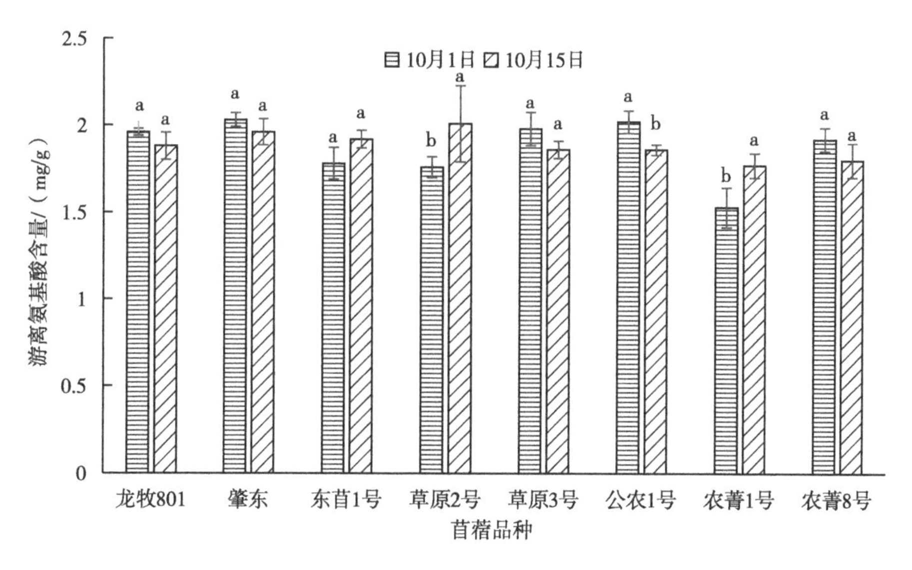

图 3.6　沙地苜蓿低温锻炼期根颈中游离氨基酸含量变化

低温锻炼期 8 个苜蓿品种间根颈中游离氨基酸含量不同，10 月 1 日测定肇东和公农 1 号苜蓿根颈中游离氨基酸含量较高，分别为 2.03 mg/g 和 2.02 mg/g。农菁 1 号苜蓿品种根颈中游离氨基酸含量最低，为 1.53 mg/g。10 月 15 日测定草原 2 号苜蓿根颈中游离氨基酸含量最高，较根颈中游离氨基酸含量最低的农菁 1 号苜蓿高 0.24 mg/g。

3.4.4　沙地苜蓿低温锻炼期根颈中可溶性蛋白含量的变化

根据图 3.7 可知，10 月 1 日测定龙牧 801、东苜 1 号、公农 1 号、农菁 1 号和农菁 8 号苜蓿根颈中可溶性蛋白含量显著高于 10 月 15 日测定的可溶性蛋白含量（$P<0.05$），肇东、草原 2 号和草原 3 号苜蓿两次测定根颈中可溶性蛋白含量无差异显著性（$P<0.05$）。

10 月 1 日测定苜蓿根颈中可溶性蛋白含量较高的品种是公农 1 号、农菁 8 号和农菁 1 号苜蓿，分别为 24.04 mg/g、23.56 mg/g 和 22.12

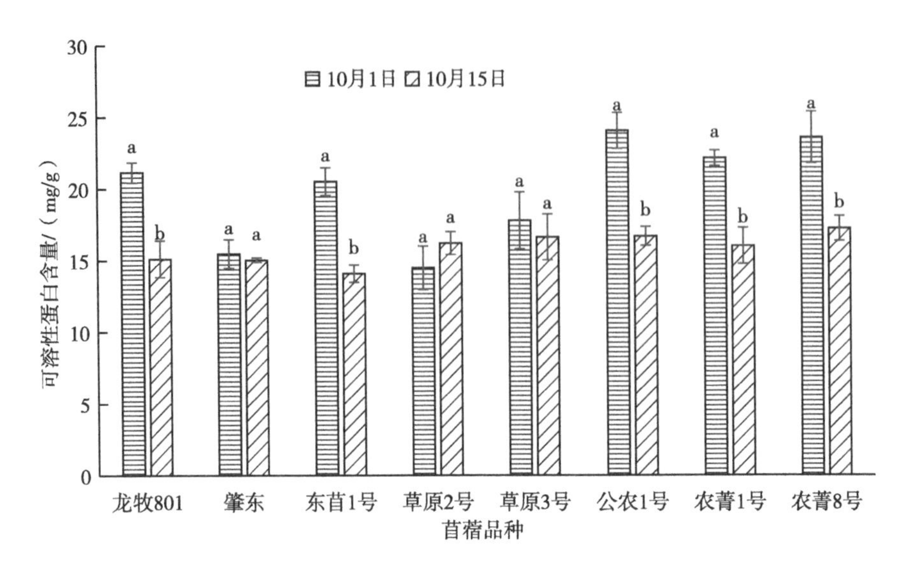

图 3.7　沙地苜蓿低温锻炼期根颈中可溶性蛋白含量变化

mg/g。肇东和草原 2 号苜蓿根颈中可溶性蛋白含量较低，分别为 15.46 mg/g 和 14.47 mg/g。10 月 15 日测定苜蓿根颈中可溶性蛋白含量最高的是农菁 8 号苜蓿，达到 17.23 mg/g，较含量最低的东苜 1 号苜蓿高 3.16 mg/g。

3.4.5　沙地苜蓿低温锻炼期根颈中 C/N 变化

根据图 3.8 可知，除农菁 8 号外，10 月 1 日测定其他苜蓿品种根颈中 C/N 均高于 10 月 15 日测定的 C/N，其中龙牧 801、肇东、东苜 1 号、草原 2 号、草原 3 号和公农 1 号苜蓿两次测定根颈中 C/N 达到差异显著水平（$P<0.05$）。10 月 1 日测定农菁 8 号苜蓿根颈中 C/N 低于 10 月 15 日测定得 C/N，但未达到差异显著水平（$P>0.05$）。

低温锻炼期 8 个苜蓿品种间根颈中 C/N 变化不同。10 月 1 日测定苜蓿根颈中 C/N 相对较大的品种是草原 2 号和东苜 1 号，分别达 12.00

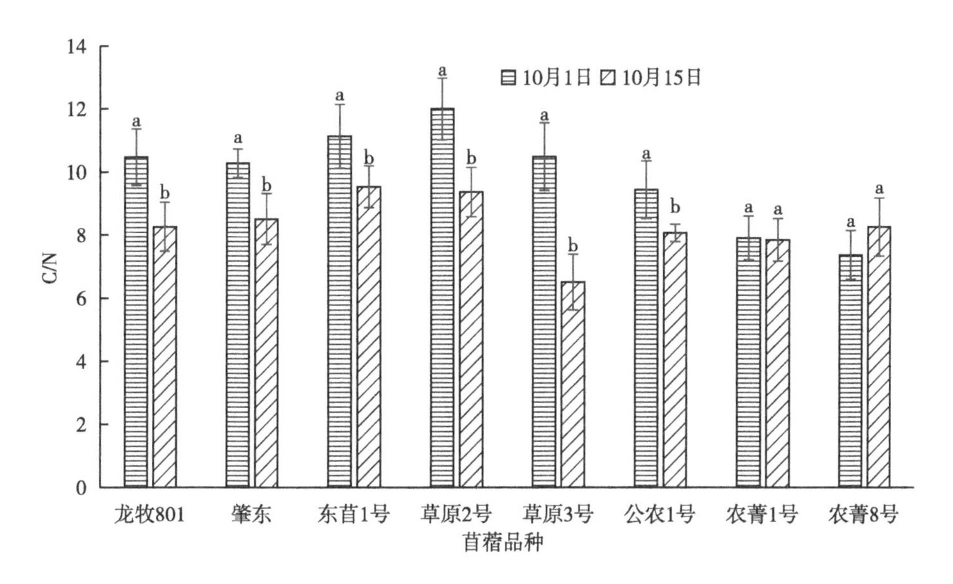

图 3.8 沙地苜蓿低温锻炼期根颈中 C/N 变化

和 11.13，C/N 相对较低的苜蓿品种是农菁 1 号和农菁 8 号，分别是 7.91 和 7.37。10 月 15 日测定东苜 1 号苜蓿根颈中 C/N 最高，为9.53，较根颈中 C/N 最低的草原 3 号苜蓿低 3.03。

3.4.6 沙地苜蓿低温锻炼期根颈中游离脯氨酸含量的变化

如图 3.9 所示，低温锻炼期沙地苜蓿根颈中游离脯氨酸含量变化无明显规律，10 月 1 日测定龙牧 801、肇东、草原 2 号、公农 1 号、农菁 1 号和农菁 8 号苜蓿根颈中游离氨基酸含量低于 10 月 15 日测定的根颈中游离氨基酸含量，但仅肇东苜蓿根颈中游离脯氨酸含量两次测定达到差异显著水平（$P<0.05$）。10 月 1 日测定东苜 1 号苜蓿根颈中游离脯氨酸含量显著高于 10 月 15 日测定的根颈中游离脯氨酸含量（$P<0.05$）。

低温锻炼期 8 个苜蓿品种间根颈中游离脯氨酸含量变化不同。10

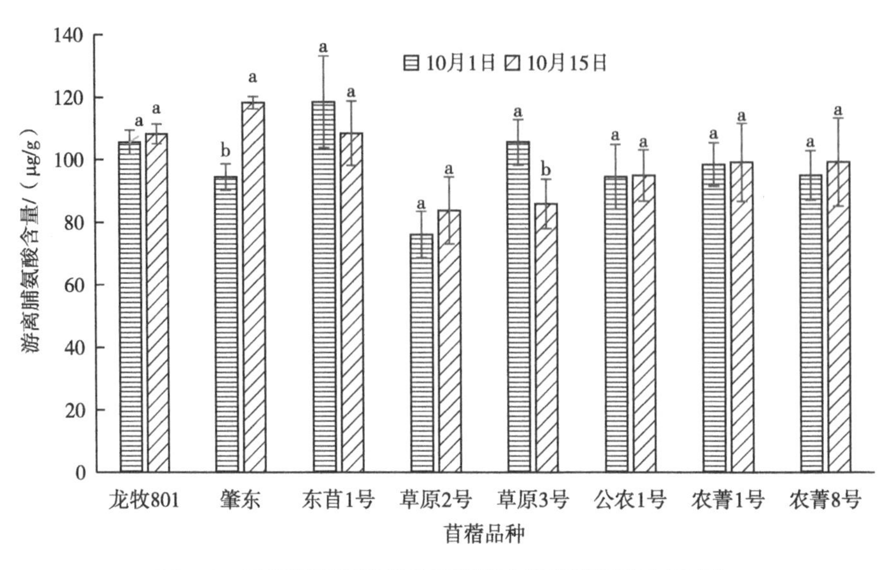

图 3.9 沙地苜蓿低温锻炼期根颈中游离脯氨酸含量变化

月 1 日测定东苜 1 号苜蓿根颈中游离脯氨酸含量最高，为 118.5 μg/g，较根颈中游离脯氨酸含量最低的草原 2 号高 44.2 μg/g。10 月 15 日测定苜蓿根颈中游离脯氨酸含量较高的苜蓿品种是肇东、东苜 1 号和龙牧 801 品种，分别是 118.3 μg/g、108.5 μg/g 和 108.3 μg/g，游离脯氨酸含量较低的是草原 2 号和草原 3 号品种 83.8 μg/g 和 85.9 μg/g。

3.5 不同苜蓿品种低温锻炼期根颈抗氧化酶活性变化

3.5.1 沙地苜蓿低温锻炼期根颈中 SOD 活性的变化

如图 3.10 所示，10 月 15 日测定 8 个苜蓿品种根颈中 SOD 活性明显高于 10 月 1 日测定的 SOD 活性，除农菁 8 号外，其他苜蓿品种两次测定根颈中 SOD 活性差异达到显著水平（$P<0.05$），其中肇东苜蓿 10 月 1 日测定苜蓿根颈中 SOD 活性较 10 月 15 日测定的 SOD 活性增加最

大，增加 299. 4U/g。

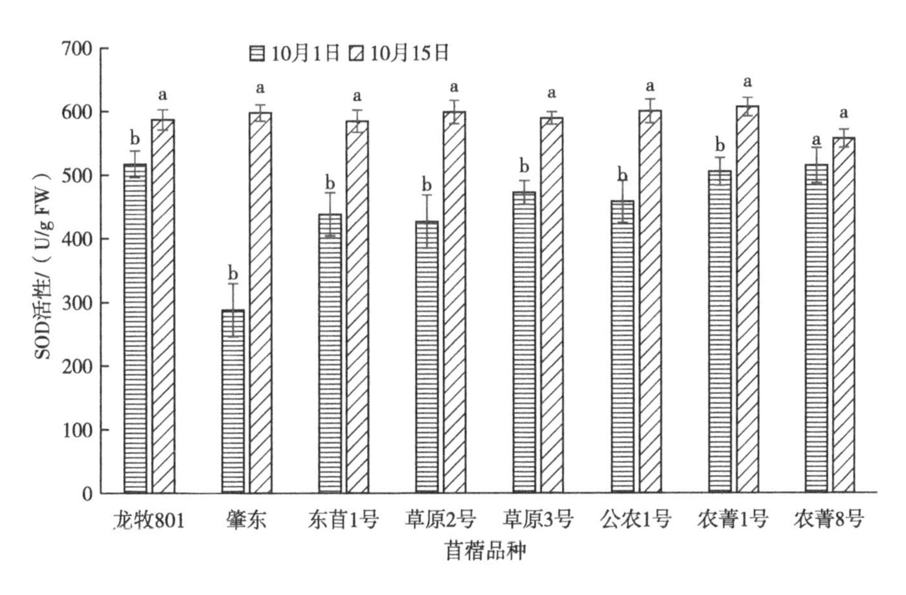

图 3. 10 沙地苜蓿低温锻炼期根颈中 SOD 活性变化

10 月 1 日测定苜蓿根颈中 SOD 活性最高的是龙牧 801 品种，达到 517. 2 U/g，肇东苜蓿根颈中 SOD 活性最低，为 287. 8 U/g。10 月 1 日测定不同苜蓿品种间根颈中 SOD 活性差异较小，其中苜蓿根颈中 SOD 活性最大的农菁 1 号品种较根颈中 SOD 活性最低的农菁 8 号品种高 49. 7 U/g。

3. 5. 2 沙地苜蓿低温锻炼期根颈中 CAT 活性的变化

如图 3. 11 所示，10 月 1 日测定龙牧 801、肇东和草原 3 号苜蓿根颈中 CAT 活性高于 10 月 15 日测定的苜蓿根颈中 CAT 活性，但均未达到差异显著性水平（P<0. 05）。10 月 1 日测定东苜 1 号、草原 2 号、公农 1 号、农菁 1 号和农菁 8 号苜蓿根颈中 CAT 活性低于 10 月 15 日测定的 CAT 活性，其中东苜 1 号、草原 2 号和农菁 1 号品种差异达到差异显著水平（P<0. 05）。

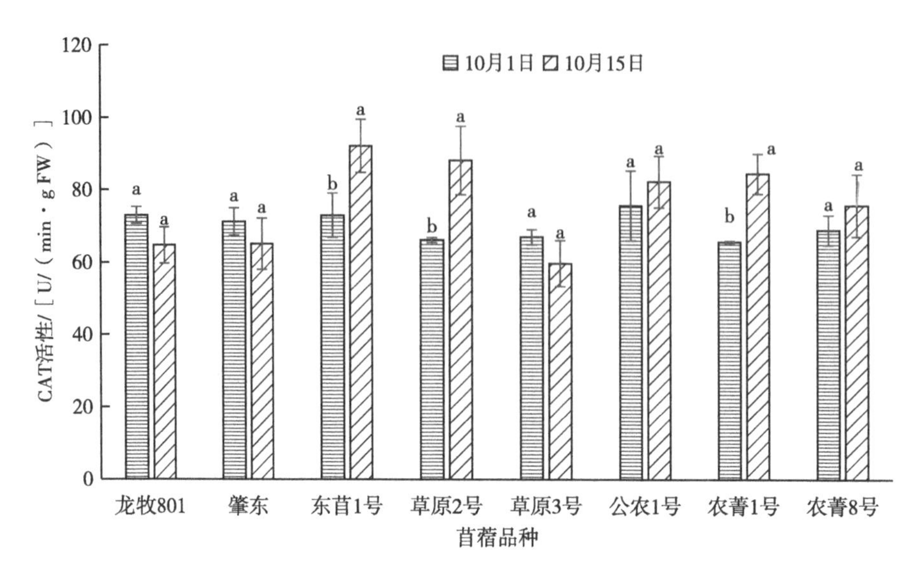

图 3.11　沙地苜蓿低温锻炼期根颈中 CAT 活性变化

10 月 1 日测定苜蓿根颈中 CAT 活性较高的苜蓿品种是公农 1 号、东苜 1 号和龙牧 801，分别为 75.7 U/(min·g)、73.9 U/(min·g) 和 73.0 U/(min·g)，农菁 1 号和草原 2 号苜蓿根颈中 CAT 活性相对较小，为 65.7 U/(min·g) 和 66.2 U/(min·g)。10 月 15 日测定东苜 1 号和草原 2 号苜蓿根颈中 CAT 活性较高，分别为 92.2 U/(min·g) 和 88.17 U/(min·g)，草原 3 号苜蓿根颈中 CAT 活性较小，为 59.7 U/(min·g)。

3.5.3　沙地苜蓿低温锻炼期根颈中 POD 活性的变化

如图 3.12 所示，10 月 15 日测定 8 个苜蓿品种根颈中 POD 活性均高于 10 月 1 日测定的根颈中 POD 活性，除公农 1 号外，其他苜蓿品种根颈中 POD 活性差异均达到差异显著水平（$P<0.05$）。其中农菁 1 号苜蓿根颈中 POD 活性两次测定差异最大，达 498.1 U/(min·g)。

10 月 1 日测定公农 1 号苜蓿根颈中 POD 活性最大，达 971.1 U/

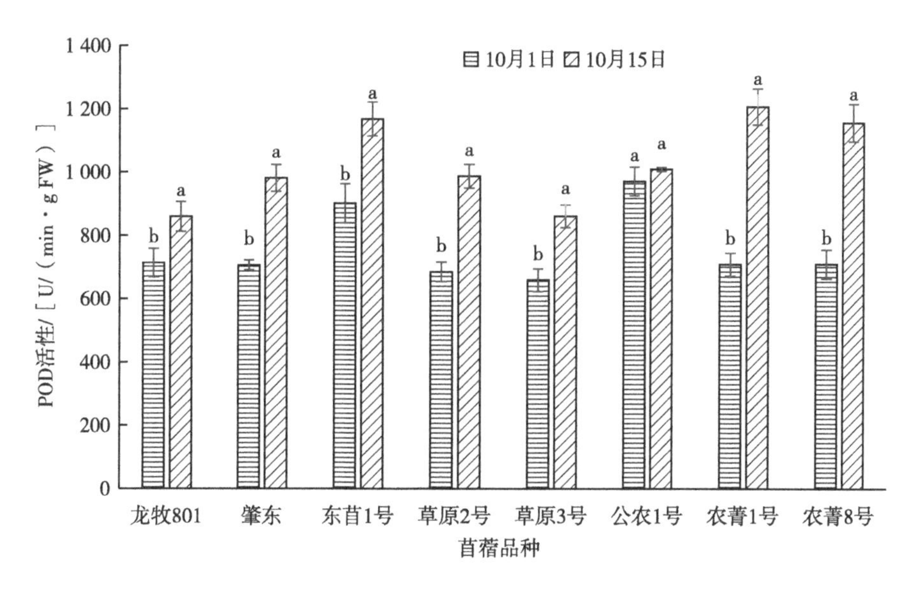

图 3.12　沙地苜蓿低温锻炼期根颈中 POD 活性变化

(min·g)，其次是东苜 1 号苜蓿。根颈中 POD 活性最小的是草原 3 号苜蓿，为 659.4 U/(min·g)。10 月 15 日测定东苜 1 号、农菁 1 号和农菁 8 号苜蓿根颈中 POD 活性较大，分别为 1 009.4 U/(min·g)、1 207.4 U/(min·g) 和 1 167.6 U/(min·g)。龙牧 801 和草原 3 号苜蓿根颈中 POD 活性较小，分别为 859.4 U/(min·g) 和 861.1 U/(min·g)。

3.5.4　沙地苜蓿低温锻炼期根颈中 MDA 含量的变化

如图 3.13 所示，10 月 1 日测定 8 个苜蓿品种根颈中 MDA 含量均显著高于 10 月 15 日测定的根颈中 MDA 含量（$P<0.05$），其中肇东、东苜 1 号和龙牧 801 苜蓿两次测定根颈中 MDA 含量差异较大，分别相差 51.8 nmol/g、42.9 nmol/g 和 40 nmol/g。

10 月 1 日测定农菁 8 号苜蓿根颈中 MDA 含量最高，达 108.5

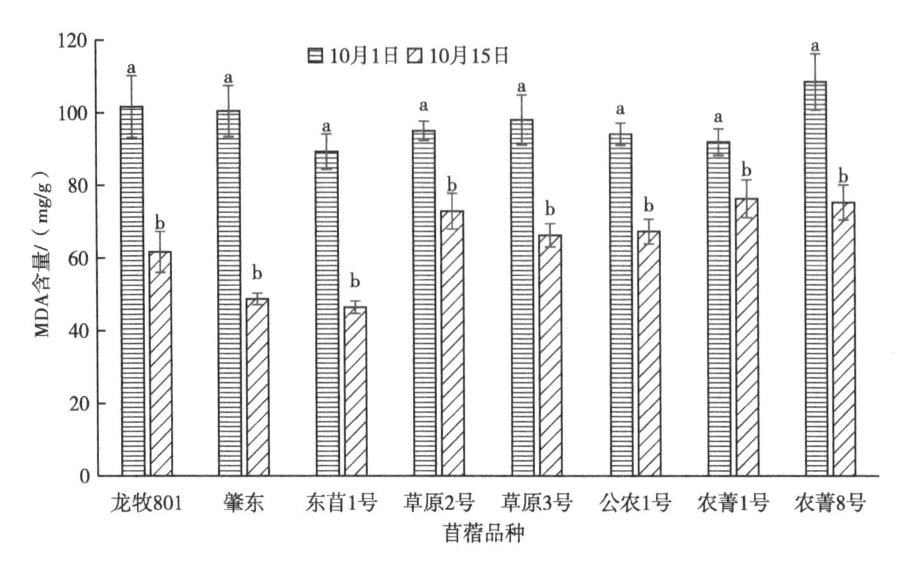

图 3.13　沙地苜蓿低温锻炼期根颈中 MDA 含量变化

nmol/g，较 MDA 含量最低的东苜 1 号苜蓿高 19.2 nmol/g。10 月 15 日测定苜蓿根颈中 MDA 含量较低的品种为东苜 1 号和肇东苜蓿，分别为 46.4 nmol/g 和 48.7 nmol/g，根颈中 MDA 含量较高的是农菁 8 号和农菁 1 号品种，分别为 75.3 nmol/g 和 76.3 nmol/g。

3.6　不同苜蓿品种半数致死温度比较

3.6.1　低温胁迫对紫花苜蓿存活率的影响

根据表 3.9 可知，不同低温处理后盆栽试验表明，不同品种对不同低温处理的抗寒能力不同，紫花苜蓿存活率不同。对在 4 ℃保存的 8 个苜蓿品种植株盆栽试验表明其存活率均是 100%；当温度降低至-15 ℃时，东苜 1 号和草原 3 号品种苜蓿存活率保持较高水平，均为 90%，而草原 2 号和农菁 8 号品种苜蓿存活率较低，均为 30%；当温度降至

-20 ℃时 8 个苜蓿品种植株存活率均下降至 50%以下；当温度降低至 -25 ℃时，仅有草原 3 号和东苜 1 号品种有 10%的存活率，说明草原 3 号和东苜 1 号苜蓿品种抗寒性较其他 6 个苜蓿品种强；当温度降至 -30 ℃和 -35 ℃时，所有苜蓿植株存活率均为 0。

表 3.9 低温胁迫对苜蓿存活率的影响 单位:%

品种名称	4 ℃	-15 ℃	-20 ℃	-25 ℃	-30 ℃	-35 ℃
龙牧 801	100	70	20	0	0	0
肇东	100	60	25	0	0	0
东苜 1 号	100	90	40	10	0	0
草原 2 号	100	30	0	0	0	0
草原 3 号	100	90	40	10	0	0
公农 1 号	100	70	25	0	0	0
农菁 1 号	100	75	30	0	0	0
农菁 8 号	100	30	0	0	0	0

3.6.2 8 个苜蓿品种半数致死温度分析

3.6.2.1 电导法对 8 个苜蓿品种半数致死温度分析

随处理温度降低，苜蓿根颈电解质渗出率均出现增加趋势，相对电导率逐渐变大，结合 Logistic 回归方程拟合分析可知不同苜蓿品种模拟曲线变化不同，说明不同苜蓿对低温的响应及耐寒性具有明显差异(图 3.14)。

由表 3.10 可以看出电导法求得 8 个苜蓿品种半数致死温度范围在 -19.45～-13.11 ℃，相差 6.34 ℃，其中草原 3 号半数致死温度最低，农菁 8 号半数致死温度最高；根据电导法对 8 个苜蓿品种耐寒性排序为：草原 3 号>东苜 1 号>农菁 1 号>公农 1 号>肇东>龙牧 801>草原 2

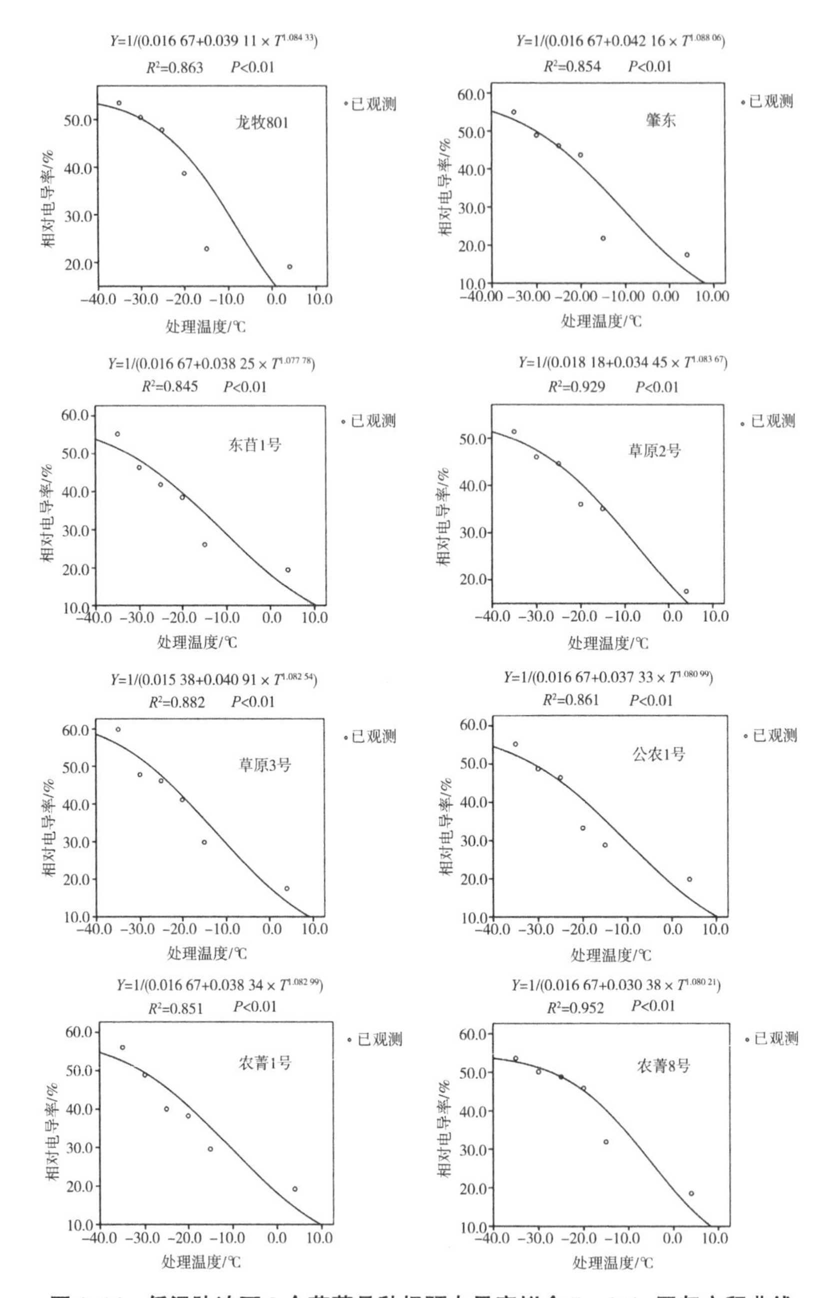

图 3.14　低温胁迫下 8 个苜蓿品种根颈电导率拟合 Logistic 回归方程曲线

号>农菁 8 号。

表 3.10 电导法、根系活力法的 8 个苜蓿品种半数致死温度（LT_{50}） 单位：℃

品种名称	电导法半数致死温度	根系活力法半数致死温度
龙牧 801	-15.80	-16.49
肇东	-16.02	-15.57
东苜 1 号	-18.23	-19.20
草原 2 号	-14.44	-14.44
草原 3 号	-19.45	-18.06
公农 1 号	-16.93	-16.64
农菁 1 号	-17.95	-17.42
农菁 8 号	-13.11	-14.75

3.6.2.2 根颈活力法对 8 个苜蓿品种半数致死温度分析

随处理温度降低，苜蓿根颈活力呈下降趋势，结合 Logistic 回归方程拟合分析可知不同苜蓿品种模拟曲线变化不同，说明在同一低温胁迫下不同苜蓿根颈适应及承受能力不同，耐低温紫花苜蓿品种在低温处理下根颈活力较强，反之亦然（图 3.15）。

由表 3.10 可知根系活力法求得 8 个苜蓿品种半数致死温度东苜 1 号苜蓿最低，为-19.2 ℃，其次是草原 3 号苜蓿，其中草原 2 号和农菁 8 号苜蓿品种半数致死温度均高于-15 ℃，最低半数致死温度与最高半数致死温度相差 4.76 ℃；根据根颈活力法协同 Logistic 回归方程的半数致死温度对 8 个苜蓿品种耐寒性排序为：东苜 1 号>草原 3 号>农菁 1 号>公农 1 号>龙牧 801>肇东>农菁 8 号>草原 2 号。

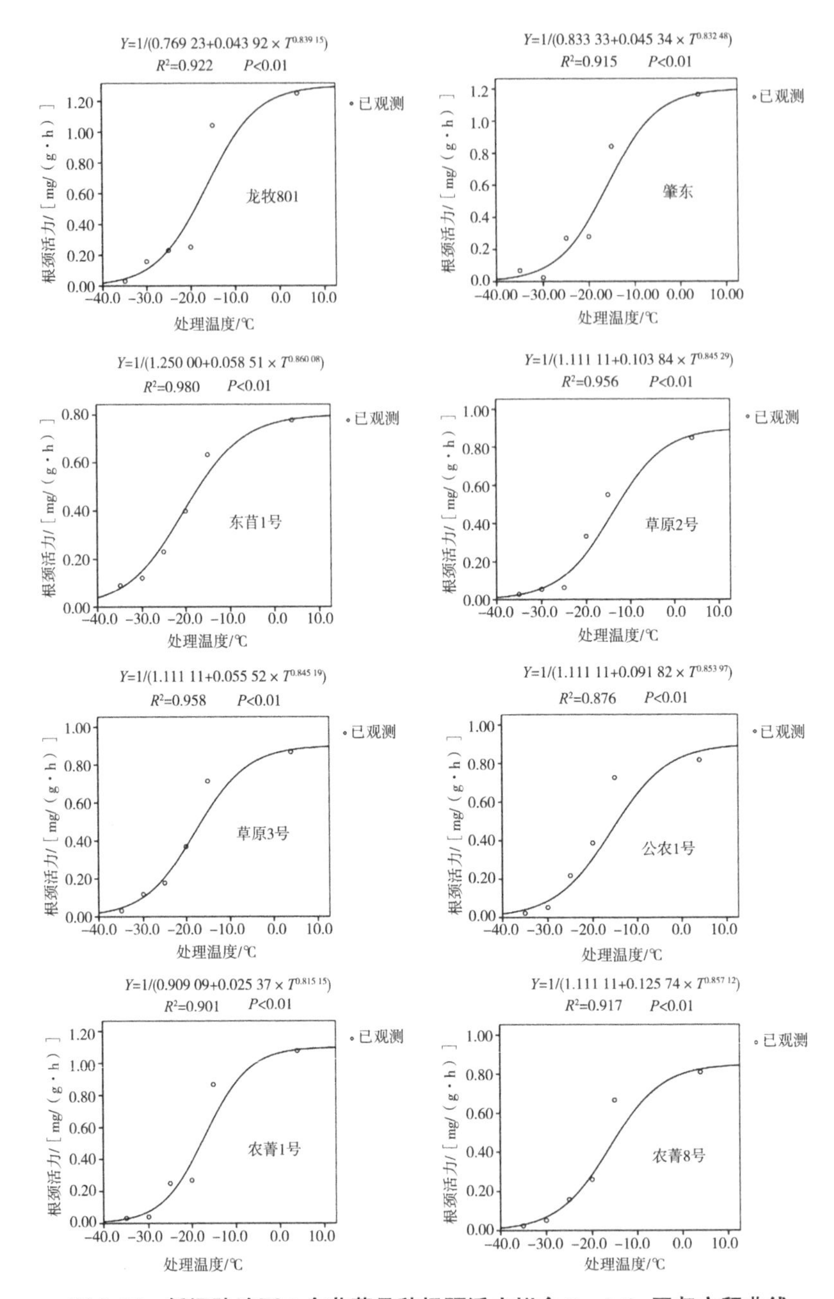

图 3.15 低温胁迫下 8 个苜蓿品种根颈活力拟合 Logistic 回归方程曲线

3.6.3 结合聚类分析对沙地苜蓿半数致死温度比较

3.6.3.1 基于电导法对8个苜蓿品种聚类分析

基于电导法协同 Logistic 回归方程得半数致死温度对8个苜蓿品种聚类分析的树状图表明（图3.16），若将8个苜蓿品种分为两类，则第一类为龙牧801、公农1号、草原3号、农菁1号、东苜1号，第二类为草原2号、农菁8号和肇东。根据表3.10可知，第一类苜蓿品种耐寒性较第二类高；若将8个苜蓿品种分为3类，则草原3号为第一类，龙牧801、公农1号、农菁1号和东苜1号为第二类，草原2号、农菁8号和肇东为第三类，且第一类苜蓿品种耐寒性大于第二类，第二类苜蓿品种耐寒性大于第三类。

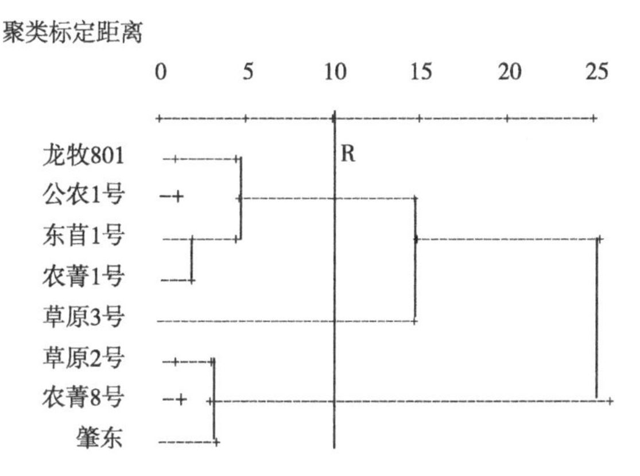

图3.16 基于电导法对8个苜蓿品种聚类分析的树状图

3.6.3.2 基于根颈活力法对8个苜蓿品种聚类分析

基于根颈活力法协同 Logistic 回归方程的半数致死温度对8个苜蓿品种聚类分析的树状图表明（图3.17），若将8个苜蓿品种分为两类，则龙牧801、公农1号、草原3号、农菁1号和东苜1号和肇东归为第一类，草原2号、农菁8号归为第二类。根据表3.10可知，第一类苜蓿品种耐寒性强于第二类；若将8个苜蓿品种归为3类，则第一类为东苜1号、草原3号和农菁1号，第二类为龙牧801、公农1号和肇东，第三类为草原2号、农菁8号，且第一类苜蓿品种耐寒性大于第二类，第二类苜蓿品种耐寒性大于第三类。

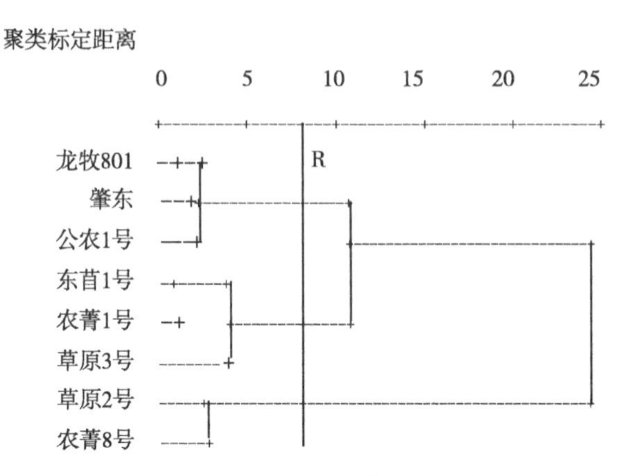

图3.17 基于根颈活力法对8个苜蓿品种聚类分析的树状图

3.6.3.3 综合电导法、根颈活力法对8个苜蓿品种聚类分析

综合电导法、根颈活力法协同Logistic回归方程的2组半数致死温度对8个苜蓿品种聚类分析的树状图表明（图3.18），若将8个苜蓿品

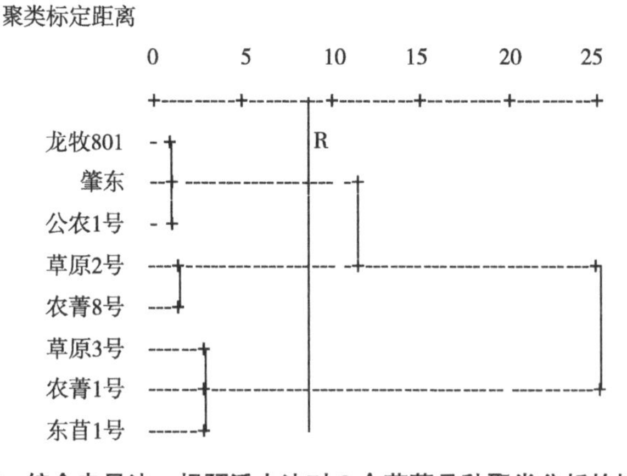

图3.18 综合电导法、根颈活力法对8个苜蓿品种聚类分析的树状图

种分为两类，则龙牧801、肇东、公农1号、草原2号和农菁8号归为一类，草原3号、农菁1号和东苜1号归为一类；若将8个苜蓿品种归为3类，则与根颈活力法协同Logistic回归方程进行聚类分析结果相同，亦是龙牧801、肇东和公农1号归为一类，草原2号和农菁8号归为一类，草原3号、农菁1号和东苜1号归为一类。

4 讨论与结论

4.1 讨论

4.1.1 沙地苜蓿对低温的生长响应

因地制宜地选择苜蓿品种是保证苜蓿安全越冬的首要条件，在中国北方寒冷地区，品种的选择应首先考虑抗寒性。因此，根据生产目标、当地气候条件、现场调查、引种试验等多方面因素综合分析，确定适宜品种，才能保证苜蓿安全越冬[4]。本试验在北方科尔沁沙地对8个苜蓿品种低温锻炼期生长特性调查表明，随季节性温度降低，不同苜蓿品种株高表现不同，9月15日测定肇东和公农1号苜蓿品种植株高度显著高于10月1日和10月15日测定株高（$P<0.05$），说明肇东和公农1号苜蓿品种秋季休眠早，低温锻炼期3次测定草原3号苜蓿株高均明显低于其他苜蓿品种，说明当苜蓿株体受到低温胁迫时逐渐进入休眠，可能具有较强的抗寒性。苜蓿颈粗为适应逐渐降低的温度表现为显著增粗的变化（$P<0.05$），9月15日和10月1日测定龙牧801苜蓿品种根颈粗度均显著大于其他苜蓿（$P<0.05$），达到3.44 mm和4.19 mm。Schwab等[49]研究表明，苜蓿根颈粗度与其抗寒性具有显著正相关关系，因此可推断龙牧801苜蓿品种抗寒性较强。

王英哲等在研究苜蓿引种和生产性能比较中表明，不同紫花苜蓿品种分枝数表现不同。本试验表明，苜蓿单株分枝数9月15日和10月

1 日相比变化不显著（$P>0.05$），之后单株分枝数呈减少趋势，且不同品种间苜蓿单株分枝数不同，与王英哲等[114]研究结果一致。10 月 1 日后北方地区温度逐渐降低，抗寒性强的苜蓿品种地上物质量的积累停滞，部分营养向根系转移，肇东、东苜 1 号和草原 3 号苜蓿地上干物质量在 10 月 1 日后显著降低（$P>0.05$），说明此 3 种苜蓿对低温较敏感；农菁 8 号苜蓿品种干草产量显著高于其他苜蓿品种（$P<0.05$），干草产量最低的是草原 3 号苜蓿，说明农菁 8 号品种对低温的敏感度低，在逐渐降低的温度变化环境中，地上生物量积累较其他苜蓿品种高，而草原 3 号苜蓿品种则逐渐进入休眠状态，因而地上生物量较其他苜蓿少。

有关低温锻炼期苜蓿根颈秋眠芽数的变化文章不多，苜蓿秋眠芽数越多，对翌年苜蓿的分枝越多，产量亦会提高，秋眠芽的多少与越冬的关系尚不明确。本试验表明，苜蓿根颈秋眠芽数随逐渐降低的温度表现为显著增加的变化（$P<0.05$），10 月 15 日测定农牧 801 和农菁 1 号苜蓿秋眠芽数显著高于其他苜蓿品种（$P<0.05$），分别为单株 4.83 个和 4.91 个，说明农牧 801 和农菁 1 号苜蓿生产性能高于其他苜蓿品种。陶雅等、陈积山等、吴新卫等[115-117]研究发现，苜蓿根颈粗度的大小与苜蓿的抗寒性呈显著的正相关关系，本研究与其研究结果一致，本研究表明随季节性温度的逐渐降低，苜蓿根重明显增加，根长增长，根冠比增大，10 月 15 日测定根颈粗度最大的苜蓿品种是龙牧 801，达 4.27 mm，草原 3 号苜蓿根最重，为 3.46 g，推断两个苜蓿品种抗寒性较强。

4.1.2 沙地苜蓿对低温的生理生化响应

诸多研究表明[56-61]，低温胁迫下苜蓿根和根颈中可溶性糖、可溶性蛋白和游离氨基酸含量增加。本研究表明，随季节性温度降低，沙地苜蓿根颈中可溶性蛋白含量增加显著，此研究结果与前人研究结果一致，而根颈中游离氨基酸含量在 8 个苜蓿品种间变化不一致，10 月

1 日测定龙牧 801、肇东、草原 3 号、公农 1 号和农菁 8 号苜蓿品种根颈中游离氨基酸含量高于 10 月 15 日测定的根颈中游离氨基酸含量，但仅公农 1 号达到差异显著水平（$P<0.05$）。10 月 1 日测定草原 2 号和农菁 1 号苜蓿根颈中游离氨基酸含量显著低于 10 月 15 日测定的根颈中游离氨基酸含量（$P<0.05$）。与前人研究结果不同，随着温度的逐渐降低，沙地苜蓿根颈中可溶性糖含量均显著降低。推断出现此种结果的原因可能是低温锻炼期苜蓿根颈中发生复杂的生理生化变化，可溶性糖和可溶性蛋白含量变化较大，而本试验测定次数较少出现此种结果。杨秀娟[102]、Wise 等[103]研究均表明低温胁迫后，植物叶绿素的量都减少，进而光合作用受影响。本试验与此研究结果不同，本研究中随季节性降温，苜蓿叶片中叶绿素含量显著增加，推断由于温度降低后苜蓿叶片逐渐失水，导致叶片中色素的积累量增加，从而测得苜蓿叶片中叶绿素含量呈增加的变化趋势，同时两次测定公农 1 号和农菁 8 号苜蓿叶片中叶绿素含量均较高。

脯氨酸含量是一种衡量苜蓿抗寒性的重要生理生化指标[62-63]。本试验表明 10 月 1 日测定肇东根颈中游离氨基酸含量显著低于 10 月 15 日测定的根颈中游离氨基酸含量（$P<0.05$），而 10 月 1 日测定东苜 1 号苜蓿根颈中游离脯氨酸含量显著高于 10 月 15 日测定的根颈中游离脯氨酸含量（$P<0.05$），其他苜蓿品种间两次测定结果无显著差异性（$P>0.05$），说明在低温锻炼期苜蓿根颈中游离脯氨酸含量变化不明显，此温度条件下不足以使苜蓿根和根颈受到伤害，因此不会形成为适应低温，苜蓿根颈显著增加游离脯氨酸的反应。

罗新义等[62]研究表明，低温胁迫下沙地苜蓿根颈中 SOD 活性显著增加，当低温持续一段时间后，活性下降但仍具有较高活性，这可能是 SOD 保护酶已形成一定的耐寒机制，使活性氧代谢处于平衡状态，从而降低了细胞膜的破坏程度。邓雪柯等[60]研究表明苜蓿植株可以通过提高 SOD 酶活性减少低温胁迫产生的自由基的伤害。可见，SOD 的高活性避免了活性氧自由基的大量积累，有利于苜蓿细胞膜的稳定，从而提高苜蓿的抗寒性。本研究与此研究相同，本研究发现低温锻炼期随季节性温度降低，8 个苜蓿品种根颈中 SOD、POD 活性明显降低，CAT 活性变化无统一规律。其中 10 月 1 日测定苜蓿根颈中 SOD 活性最高的是龙牧 801 品种，达到 517.2 U/g，推断龙牧 801 品种适应低温能力强。10 月 1 日测定 8 个苜蓿品种根颈中 MDA 含量均显著高于 10 月 15 日测定的根颈中 MDA 含量（$P<0.05$），原因与苜蓿根颈中 POD 和 SOD 活性增强有关。

4.1.3 沙地苜蓿耐受阈值分析

4.1.3.1 电导法和根颈活力法协同 Logistic 回归方程分析苜蓿抗寒强弱可行性

Lyons[118]认为，当植物受到低温伤害时，细胞的质膜透性会发生较大的改变，电解质会有不同程度的外渗，抗寒性较强的细胞或受害轻的不仅渗透性小，而且渗透性的变化可以逆转，易于恢复正常。反之，抗寒性弱的细胞或受害重者，不能恢复正常，甚至造成伤害或死亡，受不同低温胁迫后植株根颈活力会明显下降，且温度越低根颈活力越弱，亦是此理，因此相对电导率、根颈活力可作为抗寒性的生理指标。本试验表明，电导法协同 Logistic 回归方程表明，草原 3 号抗寒性最强，其次是东苜 1 号苜蓿品种，半数致死温度分别为−19.45 ℃、−18.23 ℃，而草原 2 号和农菁 8 号品种抗寒性分别排在较后，半数致死温度分别是−14.44 ℃、−13.11 ℃；根颈活力法协同 Logistic 回归方程表明，东苜 1 号品种抗寒性较草原 3 号强，农菁 8 号品种较草原 2 号抗寒性强；说明此两种方法拟合 Logistic 回归方程计算 8 个苜蓿品种的半数致死温度有所差异，但从总体抗寒性方面分析差异性较小，无论是电导法还是根颈活力法，草原 3 号和东苜 1 号品种抗寒性均是前二，农菁 8 号和草原 2 号品种抗寒性均是较弱。白茹等[119]研究 12 个葡萄品种抗寒性强弱时表明，其得出半数致死温度值较袁军伟[22]研究结果偏低，比徐宏等[120]研究结果偏高，这些差异可能由试验材料和处理上出现误差造成，本试验两种方法计算半数致死温度的微小差异可能与此相关。

本试验中通过对低温处理后的植株进行盆栽统计，存活率与2组半数致死温度及抗寒性强弱表现一致，草原3号和东苜1号在-20 ℃仍保持40%的存活率，在-25 ℃依然有10%存活率，而草原2号和农菁8号品种在-20 ℃存活率均为0，说明电导法、根颈活力法协同Logistic回归方程计算半数致死温度分析苜蓿抗寒性强弱可行。本试验设计低温处理阶段，当到达目标温度时保持8 h是借鉴葡萄抗寒性研究结果所设定的温度，笔者认为到达目标温度保持8 h，时间过长，有待进一步研究，毕竟苜蓿和葡萄属于不同种植物。

4.1.3.2　结合聚类分析比较电导法和根颈活力法的差异性

对不同品种作物或产品进行归类，聚类分析是一种常用的分析方法，如孟庆立等[121]对谷子抗旱相关性做聚类分析表明，冀谷18和豫谷1号抗旱性强且稳定性较其他品种好；刘二明等[122]对水稻品种对穗瘟病性做聚类分析研究了水稻4个抗病性状指标。本试验根据聚类分析树状图（图3.3、图3.4、图3.5）分析表明，单一电导法或根颈活力法对8个苜蓿聚类分析结果不同，而综合电导法、根颈活力法协同Logistic回归方程的2组半数致死温度对8个苜蓿品种聚类分析更具有代表性。图3.4和图3.5亦表明，若对8个苜蓿品种分为3类，根颈活力法和综合电导法、根颈活力法所得聚类分析结果相同，即龙牧801、肇东和公农1号归为一类，草原2号和农菁8号归为一类，草原3号、农菁1号和东苜1号归为一类。由此可说明根颈活力法协同Logistic回归方程对8个苜蓿品种聚类分析结果较电导法协同Logistic回归方程进行聚类分析可信度高，但综合电导法、根颈活力法协同Logistic回归方程进行聚类分析准确性更高。

4.2 结论

低温锻炼期沙地苜蓿通过将地上茎、叶中的营养生物量向地下根系中运输，从而增加地下生物量的积累、增加颈粗，提高自身抗寒能力。不同苜蓿品种对低温的响应不同，肇东、公农1号、东苜1号和草原3号苜蓿进入休眠较早，对低温较敏感；随温度季节性逐渐降低，苜蓿上部叶片和下部叶片中叶绿素含量均明显增加，根颈中可溶性糖含量显著降低，而沙地苜蓿根颈中淀粉含量、游离脯氨酸含量、游离氨基酸含量和可溶性蛋白含量变化无统一规律，苜蓿根颈中SOD、POD活性明显增强，CAT活性变化无统一规律。

电导法或根颈活力法协同Logistic回归方程计算苜蓿半数致死温度均可行；半数致死温度可作为评价苜蓿抗寒性指标；8个苜蓿品种可分为3类，东苜1号、草原3号和农菁1号为高抗寒品种，公农1号、肇东和龙牧801为一般抗寒品种，草原2号和农菁8号为低抗寒品种；科尔沁地区可选择种植东苜1号、草原3号和农菁1号苜蓿品种，亦可适当选择种植公农1号、肇东和龙牧801苜蓿品种，不建议种植农菁8号和草原2号苜蓿品种。

参考文献

[1] MCCALLUM M H, CONNOR D J, O'LEARY G J. Water use by lucerne and effect on crops in the Victoria Wimmera [J]. Australia J AgriRes, 2001, 52: 193-201.

[2] 黄文惠，刘自学．中国苜蓿 [M]. 北京：中国农业出版社，1995.

[3] WANG W D. The practical role of grass and grain rotation [J]. Pratac Sci China, 1988, 5 (2): 1-3 (in Chinese).

[4] WU J B, MIAO S, ZHANG R Q, et al. Research progress on the mechanism of alfalfa cold resistance during overwintering period [J]. Agriculture, Forestry and Fisheries, 2015, 4 (6): 300-304.

[5] 覃凤飞，李强，崔掉茗，等．越冬期遮阴条件下3个不同秋眠型紫花苜蓿品种叶片解剖结构与其光生态适应性 [J]. 植物生态学报，2012，36 (4)：333-345.

[6] MURATA N, ISHIZAKI-NISHIZAWA O. Genetically engineered a iteration in the chilling sensitivity of lants [J]. Nature, 1992, 356: 710-713.

[7] WEBB M S, UEMURA M, STEPONKUS P I. A comparison of freezing injury in oat and rye: two cereals at the cxtremes of freezing tolerance [J]. Plant physiology, 1994, 104 (2): 467-478.

[8] 浦心春．牧草之王——苜蓿［M］．北京：台海出版社，2001.

[9] 洪级曾．苜蓿科学［M］．北京：中国农业出版社，2009.

[10] EARCE R S. Molecular analysis of acclimation to cold［J］. Plant Growth Regulation，1999，29：47-76.

[11] 高媛，齐晓花，杨景华，等．高等植物对低温胁迫的响应研究［J］．北方园艺，2007（10）：58-61.

[12] LYONS J M，RAISON J K. Oxidative activity of mito-chondria isolated from plant tissues sensitive and resistant to chilling injury［J］．Plant physiology，1970，45：386-389.

[13] 孙启忠，王育青，侯向阳．紫花苜蓿越冬性研究概述［J］．草业科学，2004，21（3）：21-25.

[14] HERTAMINI M，MUTHUCHELIAN K，RUBINIGG M，et al. Low-night temperature inereased the photoilthibition of photosynthesis in grapevine（*Vitisviniferal.* cv. Riesling）leaves［J］．Environ Exp Hot，2006，57：25-31.

[15] 崔国文，马春平．紫花苜蓿叶片形态结构及其与抗寒性的关系［J］．草地学报，2007，15（1）：70-75.

[16] VIANDS D R. Variability and selection for characters associated with root regeneration capability in alfalfa［J］．Crop Science，1998，28：232-236.

[17] STOUT P C，HALL J W. Fall growth and winter survival of alfalfa in interior Hritish Columbia［J］．Can. J. Plant Science，1989，69：491-499.

[18] 曹致中，贾笃敬，汪玺．根蘖型苜蓿的引种和育种［J］．中国草地，1990（4）：25-30.

[19] SCHWAB P M，BARNES D K，SHEAFFER C C. The relation-

ship between field winter injury and fall growth score for 251 alfalfa cultivars [J]. Crop Science, 1996, 36: 418-426.

[20] CAMPBELL T A, HAO G, XIA Z L. Completion of the agronomic evaluation of *Medicago ruthenica* (L.) germplasm collected in Inner mongolia [J]. Genetic Resources and Crop Evolution, 1999, 46 (5): 477-484.

[21] 刘香萍，李国良，崔国文．不同紫花苜蓿品种间抗寒性比较研究 [J]. 当代畜牧，2006，11 (2)：49-50.

[22] 刘志英，李西良，李峰，等．越冬紫花苜蓿根系性状与秋眠性的关系及其抗寒效应 [J]. 中国农业科学，2015，48 (9)：1689-1701.

[23] MARQUEZ-ORTIZ J J, LAMB J F S, JOHNSON L D, et al. Heritability of crown traits in alfalfa [J]. Crop Science, 1999, 39 (1): 38-43.

[24] 徐大伟．11 个秋眠级苜蓿（*Medicago Sativa*）标准对照品种生长适应性研究 [D]. 北京：北京林业大学，2011.

[25] 韩清芳，吴新卫，贾志宽，等．不同秋眠级数苜蓿品种根颈变化特征分析 [J]. 草业学报，2008，17 (4)：85-91.

[26] RIMI F, MACOLINO S, LEINAUER B, et al. Fall dormancy and harvest stage effects on alfalfa nutritive value in a subtropical climate [J]. Agronomy Journal, 2012, 104: 415-422.

[27] WANG C Z, MA B L, HAN J F, et al. Yields of alfalfa varieties with different fall - dormancy levels in a temperate environment [J]. Agronomy Journal, 2009, 101: 1146 - 1152.

[28] CUNNINGHAM S M, GANA J A, VOLENEC J J, et al. Winter hardiness, root physiology, and gene expression in suc-

cessive fall dormancy selections from Mesilla and CUF101 alfalfa [J]. Crop Sci, 2001, 41: 1091-1098.

[29] HAAGENSON D M, CUNNINGHAM S M, VOLENEC J J. Root physiology of less fall dormant, winter hardy alfalfa Selections [J]. Crop Sci, 2003, 43: 1441-1447.

[30] BOYCE P J, VOLENEC J J. Taproot carbohydrate concentrations and stress tolerance of contrasting alfalfa genotypes [J]. Crop Sci, 1992, 32: 757-761.

[31] CUNINGHAM S M, VOLENCE J J, TEUBER L R. Plant survival and root and bud composition of alfalfa populations selected for contrasting fall dormancy [J]. Crop Sci, 1998, 38: 962-969.

[32] 刘香萍，崔国文，李国邦．紫花苜蓿主根内非结构性碳水化合物累积及其与抗寒性的关系 [J]. 中国草地学报，2010，32 (2): 113-115.

[33] CUNNINGHAM S, VOLENEC J, TEUBER L. Plant survival and root and bud composition of alfalfa populations selected for contrasting fall dormancy [J]. Crop Science, 1998, 38: 962-969.

[34] 刘磊．晚秋刈割对不同秋眠类型苜蓿抗寒性的影响 [D]. 北京：中国农业科学院，2007.

[35] 刘建，项东云，陈健波，等．应用 Logistic 方程确定三种桉树的低温半致死温度 [J]. 广西林业科学，2009，38 (2): 76-81.

[36] 刘艳萍，朱延林，康向阳，等．电导法协同 Logistic 方程确定不同类型广玉兰的抗寒性 [J]. 中南林业科技大学学报，2012，32 (10): 69-71.

[37] 李素华，姬金凤. 利用电导法鉴定几种野生花卉的抗寒性和耐热性 [J]. 贵州农业科学，2012，40 (11)：182-184.

[38] 袁军伟，郭紫娟，马爱红，等. 葡萄砧木抗寒性的鉴定与综合评价 [J]. 中国农学通报，2013，29 (4)：99-103.

[39] 张倩，刘崇怀，郭大龙，等. 5 个葡萄种群的低温半致死温度与其抗寒适应性的关系 [J]. 西北农林科技大学学报(自然科学版)，2013，41 (5)：149-154.

[40] 王文举，张亚红，牛锦凤，等. 电导法测定鲜食葡萄的抗寒性 [J]. 果树学报，2007，24 (1)：34-37.

[41] 白茹，高登涛，刘怀锋，等. 电导法协同 Logistic 方程比较 12 个葡萄砧木的抗寒性 [J]. 石河子大学学报 (自然科学版)，2014，32 (5)：656-660.

[42] COFFINDAFFER B L，BURGER O J. Response of alfalfa varieties to day length [J]. Agron. J.，1958，50：389-392.

[43] NITTLER L W，GIBBS G H. The response of alfalfa varieties to photoperiod，color of light，and temperature [J]. Agron. J.，1959，51：727-730.

[44] CUNNINGHAM S M，VOLENEC J J. Seasonal carbohydrate and nitrogen metabolism in roots of contrasting alfalfa (*Medicago sativa* L.) cultivars [J]. Plant Physiol，1998，153：220-225.

[45] 崔国文，马春平. 紫花苜蓿叶片形态结构及其与抗寒性的关系 [J]. 草地学报，2007，17 (2)：145-150.

[46] 孙启忠，桂荣，韩建国. 赤峰地区敖汉苜蓿冻害及其防御技术 [J]. 草地学报，2004，9 (1)：50-57.

[47] JANICKE G L. Production and physiological reponses of alfalfa to harvest management and temperature [A]. Dissertation Abstracts International. B，Sciences and Engineering [C]. 1990，

51：483.

[48] 刘志鹏，杨青川，呼天明．侧根型紫花苜蓿遗传基础及其育种研究进展［J］．中国草地，2003，25（3）：66-71.

[49] SCHWAB P M，BARNES D K，SHEAFFER C C. The relationship between field winter injury and fall growth score for 251 alfalfa cultivars［J］. Crop Sci.，1996，36：418-426.

[50] 张宝田，穆春生，李志坚，等．紫花苜蓿受冻害后促进根颈枝条再生方法的研究［J］．中国草地，2003，25（5）：48-51.

[51] 简令成．生物膜与植物寒害和抗寒性的关系［J］．植物学通报，1983（1）：19-25.

[52] SMITH D. Winter injury and the survival of forage plants［J］. Herb Abstr，1964（33）：203-209.

[53] 龚束芳．冷季型草坪草耐低温反应及僵麦草抗冻蛋白的研究［D］．哈尔滨：东北农业大学，2007.

[54] 张勇，汤浩茹，罗娅，等．低温锻炼对草莓组培苗抗寒性及抗氧化酶活性的影响［J］．中国草地，2008，24（1）：325-329.

[55] 乔洁，刘元和，姚永华，等．4种豆科牧草抗寒性能比较研究［J］．草原与草坪，2010，30（1）：68-73.

[56] 陶雅，孙启忠．不同紫花苜蓿品种可溶性糖、全氮、丙二醛含量动态变化及其与抗寒性关系研究［J］．中国农业科技导报，2008，10（SI）：56-60.

[57] DELAUNEY A J，VERMA D P S. Proline biosynthesis and osmo-regulation in plants. Plant［J］. 1993，4：215-223.

[58] KHEDR M，KARMOUCH A. Exploiting SIP and agents for smart context level agreements［J］. IEEE Pacific Rim Confer-

ence on Communications, Computers and Signal Processing, 2003, 8: 28-30.

[59] 韩瑞宏，卢欣石，余建斌，等．苜蓿抗寒性研究进展 [J]. 中国草地，2005，27 (2)：60-65.

[60] 邓雪柯，乔代蓉，李良，等．低温胁迫对紫花苜蓿生理特性影响 [J]. 四川大学学报 (自然科学版)，2005，42 (1)：190-194.

[61] 乌日娜，于林清，慈忠玲，等．低温胁迫对不同秋眠类型苜蓿抗寒性影响的研究 [J]. 中国农学通报，2011，27 (31)：113-119.

[62] 罗新义，冯昌军，李红，等．低温胁迫下肇东苜蓿 SOD、脯氨酸活性变化初报 [J]. 中国草地，2004，26 (4)：79-81.

[63] 张荣华，李拥军，张叶玲．脯氨酸含量对苜蓿抗寒性影响的研究 [J]. 现代化农业，2006 (4)：17-18.

[64] 魏双霞，师尚礼，康文娟，等．三个抗寒紫花苜蓿品系的寒境生理适应性研究 [J]. 甘肃农业大学学报，2016，51 (6)：95-101.

[65] 杜永吉，于磊，孙吉雄，等．结缕草 3 个品种抗寒性的综合评价 [J]. 草业学报，2008，17 (3)：6-16.

[66] 南丽丽，师尚礼，陈建纲，等．不同根型苜蓿根系对低温胁迫的响应及其抗寒性评价 [J]. 中国生态农业学报，2011，25 (2)：369-374.

[67] 崔国文．紫花苜蓿田间越冬期抗寒生理研究 [J]. 草地学报，2009，17 (2)：145-150.

[68] SCHWAB P M, BARNES D K, SHEAFFER C C. The relationship between field wilen injury and fall growth scor for 251

alfalfa cultivates [J]. Crop Sci., 1996, 36: 418-426.

[69] SCHWAB P M, BARNES D K. Factor affecting a laboratory evaluation of alfalfa cold tolerance [J]. Crop Sci., 1996, 36: 318-324.

[70] MCKRESIE B D. Superoxide dismutase enhances tolerance of freezing stressin trangenic alfalfa [J]. Plant physical, 1993, 103: 1155-1163.

[71] 孙启忠，王育青. 关于苜蓿抗寒性的几个问题 [J]. 牧草与饲料，1992 (2): 31-33.

[72] 户利坤. 不同播种期苜蓿越冬性能的研究 [J]. 草地与饲料，1990，5 (4): 66-67.

[73] 孙启忠，桂荣，韩建国. 赤峰地区敖汉苜蓿冻害及防御技术 [J]. 草地学报，2001，9 (1): 50-56.

[74] 赵晋忠，岳爱琴，白向东，等. 植物抗寒研究进展 [J]. 生物化学，2002，22 (1): 16-17.

[75] 刘鸿先，曾韶西，李平. 植物抗寒性与酶系统多态性的关系 [J]. 植物生理学通讯，1981 (6): 6-11.

[76] 罗新义，冯昌军，李红，等. 低温胁迫下肇东苜蓿 SOD、脯氨酸活性变化初探 [J]. 中国草地，2004，26 (4): 79-81.

[77] DUKE S H, DOEHLERT D C. Root respiration, nodulation, and enzyme activities in alfalfa during cold acclimation [J]. Crop Sci., 1981, 21: 489-495.

[78] 梁慧敏，夏阳. 碳水化合物含量和过氧化物酶活性变化与苜蓿抗寒性的关系 [J]. 甘肃农业大学学报，1995，30 (4): 307-311.

[79] DROILLARD M J, PAULIN A, MASSOT J C. Free radical pro-

duction, catalase and superoxide dismutase activities and membrane integrity during senescence of petals of cut carnations [J]. Plant Physiol, 1987, 71 (2): 197-202.

[80] KRASNUK M, WITHAM F H, JUNG G A. Electrophoretic studies of several hydrolytic enzymes in relation to the cold tolerance of alfalfa [J]. Cryobiology, 1976, 13: 225-242.

[81] DOEHLERT D C. Root respiration, nodulation, and enzyme activiies in alfalfa during cold acclimation [J]. Crop Sci., 1981, 21: 489-495.

[82] GERLOFF E D, STAHMANN M A. Soluble proteins in alfalfa roots as related to cold hardiness [J]. Plant Physiology, 1967, 42 (7): 213-217.

[83] 冯昌军，罗新义，沙伟，等．低温胁迫对苜蓿品种幼苗SOD、POD活性和脯氨酸含量的影响 [J]. 草业科学，2005，22 (6): 29-32.

[84] 梁慧敏，夏阳．苜蓿抗寒性及根巢性状的表现与过氧化物酶同工酶关系的研究 [J]. 草业学报，1998，7 (4): 55-60.

[85] 邓雪柯，乔代蓉，李良，等．低温胁迫对紫花苜蓿生理特性影响的研究 [J]. 四川大学学报（自然科学版），2005，42 (1): 190-194.

[86] 寇建村，杨文权，贾志宽，等．不同苜蓿品种抗寒性研究 [J]. 中国草地学报，2008，30 (4): 11-15.

[87] 魏臻武，王德贤，贺连昌．超氧化物歧化酶在苜蓿抗寒锻炼过程中的作用 [J]. 草业科学，2006，23 (7): 15-18.

[88] 马周文，秘一先，鲁学思，等．低温胁迫对紫花苜蓿生理指标的影响 [J]. 草原与草坪，2016 (6): 60-67.

[89] 杨秀娟．紫花苜蓿抗寒性评价及其对秋冬季节低温适应性［D］．北京：北京林业大学，2006.

[90] 陶雅，玉柱，孙启忠，等．紫花苜蓿的抗寒生理适应性研究［J］．草业科学，2009（9）：151-155.

[91] 申晓慧，姜成，李如来，等．3种紫花苜蓿与草地羊茅单、混播越冬期根系生理变化及抗寒性［J］．草业科学，2016，33（2）：268-275.

[92] 刘志洋，宫书，陈曦，等．低温处理对六种宿根花卉根系活力的影响［J］．北方园艺，2009（7）：201-203.

[93] 康俊梅，李燕，沈静，等．低温胁迫对野牛草幼苗渗透调节物与根系活力的影响［J］．中国畜牧兽医，2010，37（12）：18-21.

[94] 许怡玲，遇文婧，周玉迁，等．低温胁迫对玉簪根系活力的影响［J］．林业科技，2010，35（3）：55-58.

[95] 曹红星，宋唯一，孙程旭，等．应用电导率法及Logistic方程测试椰子幼苗耐寒性研究［J］．广西植物，2009（29）：510-513.

[96] 程玲，邱永福，田志宏．不同温度对马蹄金生理生化特性的影响［J］．四川草原，2004（10）：23-26.

[97] 窦玉梅．国内紫花苜蓿抗寒性机理研究进展［J］．黑龙江农业科学，2011（7）：146-148.

[98] 邓雪柯，乔代蓉，李良，等．低温胁迫对紫花苜蓿生理特性影响的研究［J］．四川大学学报（自然科学版），2005，42（1）：190-192.

[99] 由继红，杨文杰，李淑云．不同品种紫花苜蓿抗寒性的研究［J］．东北师大学报（自然版），1995（2）：102-105.

[100] 谢传俊，杨集辉，周守标，等．铅递进胁迫对假俭草和结

缕草生理特性的影响［J］. 草业学报，2008，17（4）：65-70.

［101］ LAL A，EDWARDS G E. Analysis of inhibition of photosynthesis underwater stress in the C4 species Amaranthus cruentus and Zea mays：Electron transport，CO_2 fixation and carboxylation capacity［J］. Australian Journal of Plant Physiology，1996，23（4）：403-412.

［102］ 杨秀娟. 紫花苜蓿抗寒性评价及其对秋冬季节低温的适应性［D］. 北京：北京林业大学，2006.

［103］ WISE R R，NAYLOR A W. Chilling-enhanced photooxidation. Evidence for the role of singlet oxygenand super-oxide in the breakdown of pigments andendogenous antioxidants［J］. Plant Physiol，1987，83（2）：278-282.

［104］ 陈世茹，于林清，易津，等. 低温胁迫对紫花苜蓿叶片叶绿素荧光特性的影响［J］. 草地学报，2011，19（4）：596-600.

［105］ 郝再彬，苍品，徐仲. 生理学实验［M］. 哈尔滨：哈尔滨工业大学出版社，2004.

［106］ 邹琦. 植物生理学实验指导［M］. 北京：中国农业出版社，2000.

［107］ 李合生. 植物生理生化实验原理和技术［M］. 北京：高等教育出版社，2000.

［108］ 张志安，张美善. 植物生理学实验指导［M］. 长春：吉林大学出版社，2006.

［109］ 刘建，项东云，陈健波，等. 应用 Logistic 方程确定三种桉树的低温半致死温度［J］. 广西林业科学，2009，38（2）：76-81.

[110] 刘艳萍，朱延林，康向阳，等．电导法协同 Logistic 方程确定不同类型广玉兰的抗寒性 [J]．中南林业科技大学学报，2012，32（10）：69-71.

[111] 李素华，姬金凤．利用电导法鉴定几种野生花卉的抗寒性和耐热性 [J]．贵州农业科学，2012，40（11）：182-184.

[112] 袁军伟，郭紫娟，马爱红，等．葡萄砧木抗寒性的鉴定与综合评价 [J]．中国农学通报，2013，29（4）：99-103.

[113] 张倩，刘崇怀，郭大龙，等.5 个葡萄种群的低温半致死温度与其抗寒适应性的关系 [J]．西北农林科技大学学报（自然科学版），2013，41（5）：149-154.

[114] 王英哲，徐博，徐安凯，等.14 个紫花苜蓿品种的引种和生产性能比较评价 [J]．中国农学通报，2015，31（11）：38-44.

[115] 陶雅，孙启忠．苜蓿抗寒性研究进展 [J]．牧草与饲料，2007，1（4）：5-9.

[116] 陈积山，李锦华，常根柱．不同苜蓿品种根系形态结构的耐旱性分析 [J]．内蒙古草业，2008，20（2）：41-44.

[117] 吴新卫，韩清芳，贾志宽．不同苜蓿品种根颈和根系形态学特性比较及根系发育能力 [J]．西北农业学报，2007，16（2）：80-86.

[118] LYONS J M. Chilling injury in plants [J]. AM Rev Plant Physioll，1973，24：445-446.

[119] 白茹，高登涛，刘怀锋，等．电导法协同 Logistic 方程比较 12 个葡萄砧木的抗寒性 [J]．石河子大学学报（自然科学版），2014，32（5）：656-660.

[120] 许宏，江孝娣，邹英宁，等．葡萄砧木及酿酒品种抗寒性

比较 [J]. 中外葡萄与葡萄酒，2003（6）：20-23.

[121] 孟庆立，关周博，冯佰利，等. 谷子抗旱相关性状的主成分与模糊聚类分析 [J]. 中国农业科学，2009，42（8）：2667-2675.

[122] 刘二明，彭绍裘，黄费元. 水稻品种对稻瘟病抗性聚类分析 [J]. 中国农业科学，1994，27（3）：44-49.